筑忆

纪念性建筑的三个实践

任力之 编著

同济大学出版社·上海
TONGJI UNIVERSITY PRESS·SHANGHAI

序言

文　郑时龄

郑时龄　中国科学院院士，美国建筑师学会荣誉会士（Hon. FAIA），法国建筑科学院院士，意大利罗马大学
名誉博士，同济大学建筑与城市规划学院教授、建筑与城市空间研究所所长

纪念性建筑是特殊的建筑类型，可以是专为纪念某个人，纪念某个群体，纪念某个时代，纪念某个历史事件、某个事迹、某个行动而设计建造的纪念碑、纪功柱、纪念堂、纪念馆、纪念广场、纪念雕塑、凯旋门、坛庙、祠堂、陵墓，或以志纪念的博物馆、图书馆、陈列馆，甚至是纪念教堂等建筑物和构筑物，是人们瞻仰、凭吊、缅怀、祭拜、体验和学习的场所。凡是纪念性建筑，由于其重要性和历史意义，也由于其建筑美学价值，一般都会载入建筑史册。

此外，纪念性建筑也可以是原有的建筑和考古场地，由于某个名人在这里诞生或居住、发生过某种事件，或者属于文化遗产而成为纪念性建筑。实际上，每座建筑、每个场所对于不同的个人或群体都有纪念的意义，每座建筑由于政治、艺术或历史原因都可能成为具有纪念意义的建筑。

就建筑类型而言，这里讨论的纪念性建筑仅限于专门为纪念某人、某群体或某事件而建造的建筑。纪念性建筑需要回应场所和环境，塑造与纪念性建筑的主题相匹配的建筑形象，需要从精神、美学、隐喻、象征和意象上表达所纪念的人和事件，纪念性建筑及其所承载的功能让历史因素存活于当下并得以延续，成为历史的记忆，成为传统，既有纪念性，又有叙事性。

建筑需要植根于环境之中，纪念性建筑尤其需要与历史环境融为一体，成为这个环境，也就是书中所强调的在地性的组成部分，营造情境化的环境，或者创造适合主题的意境。纪念性建筑的在地性是纪念性的核心，建筑师需要从传统建筑和地域建筑中寻找灵感，从与主题相关的回忆录、诗文和文献中获得启示，使传统的纪念馆形象与现代建筑空间得以平衡，既要弘扬中国建筑传统，又要创造新的空间序列，在形式上既有仪式感和庄重感，又与当年的情境和主题相称，还要思考时空的变化，使纪念性建筑成为回应事件、人物、发生地的地形地貌及景观等特征的建筑，就像从发生地"长"出来的环境的组成部分，具有唯一性，不可复制。

任力之近年来致力于与传承并延续红色文化联系在一起的纪念性建筑设计，取得了卓越的成就，其代表作包括娄山关红军战斗遗址陈列馆、遵义会议陈列馆、井冈山革命博物馆新馆。这三处都是中国共产党早期革命阶段的丰碑，既有自然环境的烘托，又有城市空间的营造，用独特的建筑语言表现建筑所纪念事件的在地性和叙事性。《筑忆：纪念性建筑的三个实践》一书有多位建筑学家的解读和剖析，也有多个访谈，帮助我们深入理解建筑师的匠心和设计理念，也让我们认识这些建筑的历史和现实意义。

任力之在书中也全面陈述了空间创作的处理手法，主张"以文化成"，驾驭历史与现代的环境表现，专注于纪念的主题，塑造建筑空间的精神属性，在空间情境中融入纪念性和叙事性，形成激发情感体验和想象的空间序列，感悟革命精神。建筑师对地形、地貌和材料、细部以及色彩的适宜把握体现了场所精神，使建筑融合了历史性、民族性和地域性，仿佛锚固在场地上，建筑也成为陈列的组成部分。

60 年前，我曾经在遵义工作和生活过，去过遵义会议会址和娄山关红军战斗遗址，也曾经为娄山关设计过一座休息室，对这两件作品的体会更深一些，娄山关的雄关和遵义会议会址的城市空间关系适成鲜明的对照，对于不同主题，又有内在时空关系的处理，需要建筑师对建筑意义、设计语言和空间尺度有良好的掌控，营造伟大而又平和的空间体验。

2021 年是中国共产党建党一百周年，任力之建筑师通过《筑忆：纪念性建筑的三个实践》这部设计作品集对此表示祝贺，并表达了对革命圣地的敬意。

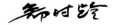

目录

蜿蜒中挺进

评娄山关红军战斗遗址陈列馆设计语言

文　李翔宁

李翔宁　同济大学建筑与城市规划学院院长、教授、博士生导师，知名建筑理论家、评论家和策展人，哈佛大学客座教授

2021 年正值中国共产党建党一百周年，由同济大学建筑设计研究院（集团）有限公司完成的娄山关红军战斗遗址陈列馆与众多红色建筑共同成为这一盛事的注脚，它以一种建筑形式的语言，铭刻着娄山关战役的伟大事件。

1935 年的两次娄山关战斗，不仅保障了中共遵义会议的顺利召开，也逆转了红军在西南地区的不利态势，在中国工农红军的历史征程中有着重要的意义。娄山关作为连接渝黔两地的交通要道，地势险要，加之黔军的重兵把守，胜利来之不易。战斗的惨烈与胜利的喜悦让毛泽东留下了"雄关漫道"的壮美词句，也让娄山关载入中国革命的史册。2017 年，娄山关景区入口处原有的停车场被崭新的陈列馆建筑取代，用以展示陈列红军战斗过程的相关文物，纪念这段历史。

如今战斗已结束多年，面对 80 余年后的山峦和植被，在狭长自然通道的关口，建筑应当以何种姿态将人们拉回那段岁月，成为建筑师面对的最重要的问题。

娄山关红军战斗遗址陈列馆鸟瞰

宏观的场地策略

面对这样一个命题，建筑有着多种在场地中布局的可能性。例如可将建筑体量设计得较为集中，结合景区入口变为一处显著的存在和必经之路；也可以像挪威的锌矿博物馆一样，将若干小体量展厅配合辅助功能分布在景区的流线上。不论何种方式，尺度感的拿捏成为利用场地的核心问题。场地位于山坳中的一块较为平整的地块，西侧的盘山公路和北侧的步行台阶在场地上给出了一个十分清晰的路径线索，即无论车行还是步行到达，人们希望从南向北一眼看穿这道关隘，而周围连绵起伏的绿色山脉成为场地中不容忽视的重要因素——它们才是场地中的主角。考虑到超过 6000m² 的建筑面积，如果设计过于出挑的建筑形态，则会挡住视线，破坏山体形态，甚至阻断通往关隘的路径，这是一种蛮横的、不分主次的设计。地景建筑也许会成为一种策略，不仅可以解决体量的问题，更可以呼应自然。

陈列馆最终的形态，恰恰维持了建造前的场地属性。在建筑师的眼中，当年的战场所在的山脉环境是真正的主角，作为次要角色的建筑应该对这一处环境起到烘托作用。因此，建筑师的策略是: 与其争取建筑形式语言的夺目，不如把建筑形体依照山势压低并伸展开来，并着力塑造一个好的入口广场以及进入建筑室内或继续前行上山的参观路径。设计为西侧的公路腾挪出一片面积可观的景观水池，从建筑内看向远方，水面映射两侧的山峦消失在视线的尽头，这样在进入门厅后，参观者的情绪便可以很好地收回来。建筑主体的两条流线利用两个主要的标高，一条将人流引向靠近水池的门厅，另一条靠门厅上方的坡道环绕到景区的步道入口。一个接近环形的体量逐渐浮现出来，这种几何形式通过耐候钢造型的形体被进一步强化。建筑因此避免了作为强势"建筑物"而过多干扰环境体验，又有了空间形象上的完整性。

建筑主要的功能性空间被放置在地下部分，包括用于展示陈列的三个展厅以及大部分的辅助用房。而展厅空间在历史主题的常设展中通常是不需要对外开窗采光的，展厅的下埋意味着更容易处理原本不需要开窗的立面，同时使大的空间叙事不受干扰。经验中的建筑尺度仅仅出现在入口处，用以提示陈列馆的入口空间，对于设计来说就好比把好钢用在刀刃上。诸如幕墙、台阶等建筑元素主要放置在地下庭院一侧，人们只是从一道被撕开的裂缝进入场地，这样的策略不会对参观者造成压迫感，营造了平和的观展前奏。

这种相对克制的策略，不仅源自建筑师的判断，落地阶段也很大程度上得益于业主方的支持。可以想象，如果业主单位一心想要一座气派的纪念馆建筑，则以上的一切想法都将化为泡影。在 2020 年首届"三联人文城市奖"的颁奖礼上，张永和教授呼吁人们为最佳建筑设计奖的业主代表鼓掌，就是在呼吁更多有担当和建筑品位的甲方的出现。以往绝大多数红军历史纪念馆均以对称的立面为唯一解，娄山关红军战斗遗址陈列馆的一笔弧线，或多或少给了后来的设计者们更多的答案。

红色建筑形象的探索

从新四军江南指挥部纪念馆到渡江战役纪念馆，近年来知名建筑师负责设计建造的红色主题文化建筑优秀作品不断涌现。不同于普遍意义的文化建筑，这一类建筑并非仅仅靠空间渲染一种文化的氛围，其设计语言很难通过对一种文化类建筑设计经验的简单挪用而形成，它往往需要和历史事件呈现一定程度上的空间叙事性关联，或者需要在空间中呈现出和建筑明确对应的纪念性营造。在日常生活中，建筑师与评论家们经常对着某个建筑作品说它像一座学校、酒店或美术馆，是因为这些建筑所呈现出的类型化、可通用的设计语言是可以被挪用并奏效的。但红色主题建筑需要根据具体的历史事件或叙事性要求创作出独特的对应性形态语言，这往往需要建筑师有更高超的形式语言技巧，并巧妙地平衡好建筑语言所需的抽象性与展览叙事需要的清晰性。

在娄山关红军战斗遗址陈列馆的设计中，能够阅读到建筑师主动地将某些符号或氛围融入了进来。无论是场地的险要、历史的宏大，还是领袖诗词的艺术造诣，设计都在努力地做出回应。未曾亲历过的历史对人们来说终究是陌生的，年轻一代在历史课上掌握的基本知识，往往在战争电影和游戏中被具体化为场景。娄山关红军战斗遗址陈列馆乃至其他红色建筑长远的服务对象是更加年轻的一代，甚至是对这段历史缺乏知识储备的人们。在陈列馆中，我们可以看到历史与现实的关联是如何被建立起来的，它们是一些已被验证和有待考察的元素。

首先是"隐身"的建筑体量和景观的扩大化处理。简而言之，陈列馆项目很好地证明了一点，即将纪念性建筑以一种场地景观的形式作为设计的突破口是完全可行的。娄山关红军战斗遗址陈列馆从一种传统的、封闭的、专属的室内领域向开放的、大众的、自然的方向转变，既是一种处理场地的方式，又是一种设计价值的取向。观者不必在展厅内按部就班地一口气看完所有的内容。即便时间匆忙，来不及参观展厅内的文物，也可以进入广场中合影留念，感受建筑作为景观的存在。这打破了以往的陈列馆建筑参观流线的单一和参观完即到终点的完结感，提供了参观展览、进入景区、展厅内外互动的多种行为选择。隐身的建筑体量，较好地融入呈环抱态势的周边山景，更为重要的是，面对宏大的历史叙事，建筑的谦逊姿态提供了另一种表达纪念性的方式。

其次是对于公共空间体验的塑造，视觉的直接冲击永远无法与空间给人带来的联想所产生的震撼相媲美。里伯斯金设计的柏林犹太人博物馆，无论是立面的裂痕还是金属的脸谱装置，都让参观者对犹太人悲惨的遭遇产生共鸣。借由光影、材质甚至声音等感官塑造的抽象体验一定是红色建筑的方向，或许我们已经到了这样一个阶段。在"网红建筑"大行其道的今天，从另一个侧面看，我们是否也可以舍弃掉具象的浮雕和尺度夸张的硬质铺地，就像娄山关红军战斗遗址陈列馆一样，仅仅通过建筑本身的空间和材料给人以精神上的触动？陈列馆真正用于陈列展品的空间只占总建筑面积的三分之一，留出了大量的坡道、庭院和类似峡谷的空间，以此唤起参观者游走其中的意愿，增加互动。建筑师着眼于空间的塑造和流线的穿插，在一定程度上弥补了场馆展陈设计的局限，使得没有时间仔细观看展览内容的参观者也能迅速地被建筑营造的曲线激荡、令人振奋的空间效果所打动，其如同一曲激动人心的交响史诗，蜿蜒挺进的乐章依次展开后达到高潮，让人隐约地感受到伟大历史事件的波澜壮阔、可歌可泣。

近年来，随着文化设施建设的热潮从一线城市逐步向二、三线城市蔓延，同济大学建筑设计研究院（集团）有限公司参与主导设计了一些二、三线城市甚至更为偏远地区的文化类项目，与一线城市的建筑项目相比，这类项目的创作和落地面临着一些现实困境。这些城市缺乏复杂项目的建设组织和施工管理经验，项目的预算和施工周期有限，施工细节难以把控；此外，建筑空间的设计与展览策划和展陈设计的衔接也存在问题，这也是全国公立展示馆普遍存在的问题。要应对这些挑战，完成一个高品质的文化项目，不仅有赖于建筑师团队的辛勤付出，还需要尝试多重条件约束下的高品质设计路径，任力之建筑师和他领导的团队在娄山关红军战斗遗址陈列馆的创作过程中，对此进行了认真回应，为我们呈现了一个具有中国当代文化特色和历史印记的优秀案例。经过长时间驱车劳顿赶到娄山关的人们，会因为巨大山体和天际的广阔环境背景中的这一弯弧线而感受到视觉和空间体验的冲击，进而被带入一个静谧、沉思的纪念性氛围之中。娄山关战役是中国共产党党史和中国革命史上的重要篇章，任力之通过这件作品为这段历史的叙事赋形，创作了在蜿蜒中挺进的空间形象，为娄山关的史迹塑造了一座凝固的有形丰碑。

从在地性
开启的纪念性建筑设计

任力之三个作品的解读

文 徐洁

徐洁 同济大学建筑与城市规划学院副教授，《时代建筑》执行主编

井冈山革命博物馆入口

井冈山革命博物馆新馆：从神庙、纪念碑到博物馆

文艺复兴式博物馆作为典藏机构，重在收藏；古典式博物馆与工业革命相匹配，注重馆藏分类，建构百科全书式的知识体系；20 世纪后半叶的现代式博物馆则将阐释作为博物馆的核心，以多元、互动的社会工具定义博物馆。博物馆的建筑空间形式也发生了相应的变化。在地性的博物馆建筑由此开启了全新的设计诠释。

传统的古典式博物馆建筑大多采用希腊神庙和传统宫殿的形式，以纪念性建筑的神圣、庄重、典雅示人，传承延续人类文明，是"收藏、保存、陈列、再现人类社会成就和记忆的关键机制之一"。博物馆平面用"日"字形和"田"字形的对称布局结构，以雄伟、高大的花岗岩建筑立面和石柱廊，宣示着伟大神性的光芒和英雄式的光辉历程，博物馆如同文明史诗般点亮了城市空间。如纽约的美国大都会艺术博物馆，伦敦的英国国家美术馆、大英博物馆，巴黎的国立自然历史博物馆，北京的中国人民革命军事博物馆，它们都以古典形式回应历史主题，在城市空间结构中占据重要位置，成为城市的经典标志和文化记忆。

而井冈山革命博物馆新馆，既有传统的古典建筑形式语言，又具有现代博物馆开放共享的功能与理念。设计在传承历史和创新上寻求平衡，很好地将纪念性建筑融入城市自然环境，重构城市空间结构。与此同时，设计中还突出体现了对中国传统文化的传承弘扬，以甬道的形式重构了古典博物馆的空间，以轴线为中心的条形空间串联起井冈山城市街道和自然山岭，并延展至湖面。甬道的仪式感和穿越性很好地诠释着现代纪念性建筑的特征，同时，建筑汲取古典传统的经典形式，通过转译的方式营造出纪念性的庄重、神圣而又能近人的双重特性。

高台殿堂营造的仪式

高台建筑是举行重大活动仪式的场所，蕴含敬拜天地的深厚文化内涵。高台卓然而立，人们居高临下，于高台上举行隆重仪式或祭拜活动。在中国古代，高台不仅构成建筑的基座，同时作为取得建筑高度的一种手段，发展成为一种独立的建筑形式，建筑的神圣感和崇高感油然而生。在古希腊雅典的伊瑞克先神庙中，我们可以看到同样的高台、列柱、屋顶设计，其东面门廊立面是纪念性建筑的原型——高台、柱廊、屋顶的对称经典造型，它们以理性完善的构图比例、强烈的虚实空间对比，很好地呈现了空间的神圣、纯洁。

井冈山革命博物馆新馆正是采取了传统的高台形式，建筑入口设在 4m 高的平台上，宽大的台阶沿建筑中心轴展开，营造出庄严的空间序列，以宏伟的纪念性尺度渲染神圣与永恒。站在地面仰视，建筑透视被近距离强化，结合建筑立面前的列柱和倾斜的大屋顶檐口，营造出宏大的气势和端庄的气质。六根圆形列柱撑托起巨大的屋顶檐部，极具象征意义，与中国传统殿堂、庙宇建筑在形式上、意象上形成同构关系。

甬道轴线设置的空间秩序

甬道设计曾经是中国传统纪念性建筑空间序列的前奏。在开阔的场地中，通过甬道两边设置的石兽、神像、树木的限定，强化中央轴线的方向感，同时留出人们进行仪式的时间，令甬道的线性空间与终点的纪念主题空间产生对比，将重要建筑的仪式感推向高潮。

在井冈山革命博物馆设计中，甬道作为线性空间顺着山势拾级而上，沿着建筑的中心轴线穿入建筑内部，来到内庭院，并继续延伸，指向山坡高处的群雕，融入建筑背靠的山林。采用连续台阶形成的甬道，在不同的高度与建筑组成台地院落空间，打开了博物馆空间的封闭状态，将开放、共享、交流互动的功能还给了城市公共空间。这种概念上的突破，为作为纪念性建筑的博物馆带来了新的生机和活力。

宽顶深檐的意象

井冈山革命博物馆新馆的建筑基座体块敦实，顶部屋顶宽大而出檐深远，似悬浮的巨大华盖笼罩在建筑上空，护佑着下方的世界。屋面出挑宽 8m，层层出挑的檐部气势磅礴，壮丽且充满张力，展现了中国传统文化精神的天地人合一理念，表现出对天地的景仰和崇拜。整体建筑舒展庄重，屋顶宏大雄健，屋顶檐部层次结构清晰，稳健轻盈，屋檐像振翅欲飞的大鸟雄阔壮大。建成后的博物馆成为井冈山的城市文化地标，在山水间升腾。

遵义会议陈列馆

遵义会议陈列馆改扩建：纪念性建筑的日常

建造不仅是一种再现，而且也是一种日常生活的体验。……建造无一例外是地点（topos）、类型（typos）和建构（the tectonic）这三个因素持续交汇作用的结果。建构并不属于任何特定的风格，但是它必然要与地点和类型发生关系。

——（美）肯尼思·弗兰姆普敦（Kenneth Frampton），《建构文化研究》

尊重场所精神并不表示抄袭旧的模式，而是意味着肯定场所的认同性，并以新的方式加以诠释。

——（挪）诺伯舒兹（Christian Norberg-Schulz），《场所精神——迈向建筑现象学》

遵义会议是中国共产党历史上一个生死攸关的转折点，也是中国共产党从幼年走向成熟的标志。遵义会议会址于 2008 年被评为国家一级博物馆，为更加全面、真实、生动地展示中国革命在贵州、在遵义实现伟大转折的史迹和内涵，在保留遵义会议陈列馆老馆部分结构的基础上对其进行了改扩建。

遵义城市历史街区文化肌理

遵义会议陈列馆的改扩建遵循遵义城市的建筑空间肌理格局，顺应地形与边界，将原本的街道和建筑院落复刻在基地上。东面保留着原有建筑布局形式，保存了沿街界面的连续性。陈列馆"田"字形的屋顶结构，自然形成了四个坡屋顶，在尺度与距离上缩小了与周围建筑的反差，融入了场所的空间结构，在相互的对话中产生历史的重叠积淀，赋予历史街区空间以新的肌理、生命。西面设置的入口广场，呼应了遵义会议会址建筑及广场，它们相望相守，形成城市公共空间的传承与互动。

原有的城市街巷走向与纪念建筑方位的轴线间形成了微小错位，两组纪念性建筑间形成的空间场域有了更多的自然沉淀和日常性，这是城市历史的印迹和人们生活留下的痕迹，是人与城市共同创造的日常与人性的城市空间。

在遵义会议会址街区周围还有不少当时参会人士的故居，零星散布在街道沿线和巷子深处。这样的历史风貌保护区的结构，也是陈列馆改扩建布局形式的灵感源泉。纪念性建筑串联起城市的红色印记，同时让纪念和永恒回归日常的空间和生活。

似曾相识：建筑空间形式的延续和传承

遵义会议陈列馆总体遵循会址建筑的横向三段的原型，坡屋顶立面分为五段，在尺度和比例上与会址的原型呼应，追求亲切自然地融入周边的街道与前后左右的建筑，这种体量上的化解和形式上的延续，让陈列馆有种似曾相识的感觉。

陈列馆以外廊式对应着会址建筑原型具有亲切感的外廊，以"拱券"演绎着砖拱，回应会址建筑的历史特征与年代感。这些外廊、拱券和青砖，既是当时历史时代的特征，也反映了当时的建造方式、空间尺度和日常生活。

如今的陈列馆在熟悉感中强化了纪念的端庄性。花岗岩拱廊连续的静默空间，公共纪念性空间的展开，轴线对称的立面构图和入口大檐口的形式，也昭示着纪念的仪式感。外廊背后的均质花格墙面铺陈，在强化日常尺度对照的同时，突出了公共纪念性建筑的纯粹性，产生静默与凝视，廊前的水池形成的倒影镜像，将远山、天空投入眼底。池中开放的莲花安详静谧，渲染着纪念性的空间氛围。会址广场和陈列馆广场成了举行仪式活动的重要空间，人群在原址建筑空间中，集体静默地列队、聆听、注视、参观，了解历史事件、人物，完成向革命先烈的致敬，这成为纪念仪式和学习体验的重要组成部分。

娄山关红军战斗遗址陈列馆：天地间的永恒纪念

在人类还没有将支撑转化为柱子，或者将屋顶转化为山花以及用石块进行砌筑之前，人类已经将石块置于大地，在混沌一片的宇宙中认知大地，对它进行思考和修改……对待环境（context）只存在两种重要的态度：第一种态度的手段是模仿（mimesis），即对环境的复杂性进行有机模仿和再现，而第二种态度的手段则是对物质环境、形式意义及其内在复杂性进行诠释（assessment）。

—— （意）维托里奥·格里高蒂（Vittorio Gregotti）

场地往往超越我们对审美和功能的感知，因为大地表面的状态是在行走的动态中才能体验的……人类身体与大地表面的作用能够产生某种"声学"共鸣。

—— （美）肯尼思·弗兰姆普敦，《建构文化研究》

圆形的纪念

英格兰南部索尔兹伯里的史前圆形巨石阵，是在广阔的绿色旷野中孤独

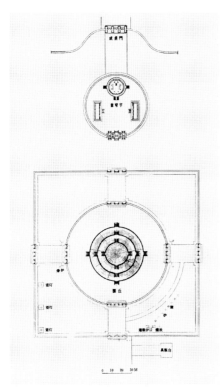

北京市天坛圆丘坛及皇穹宇平面（图片来源：刘敦桢.中国古代建筑史[M].北京：中国建筑工业出版社，1980.）

屹立的一组巍峨巨石。不同的石块构成直径 30m 左右的圆环空间，对应太阳、月亮、星星的方位，在接受人们的祭祀和膜拜的同时，成为天地间永恒神秘的纪念。

古罗马的万神庙坐落于城市中心，圆形建筑直径 43.2m，上覆半球形穹窿，顶盖中央有直径 8.92m 的圆形孔洞，从中投射下的自然光束照亮了神庙内部，吸引着来自世界各地的人们到此"朝圣"。

圆丘坛是北京天坛祭天的场所，形圆象天，共三层，高 5.17m，上层直径 23.65m，下层直径 54.92m，每层四面出台阶，各九级，以九的层数为模数，象征"天数"，空间气势宏大，庄重肃穆，是明清时期皇室祭天和祈祷丰年的地方，是中国传统文化的集中体现。

人类在历史长河中，曾经创造出无数圆形的经典建筑与空间，其中一部分历经岁月洗礼，至今依旧矗立在大地上，成为人类文化的重要组成部分。千百年来，这些经典的圆形建筑与空间，构筑起与上天连通的神圣空间。在一些重要的日子，人们不断地回到那些庄严的空间中，通过不同的仪式，净化自己的身心，达成永恒的纪念。圆形成为重要纪念性建筑的标志之一。

圆形建筑的演化

从 2007 年的非盟会议中心开始，任力之尝试以圆形空间为主题进行建筑设计，诠释庄严、具有仪式感的空间构成。

圆是非洲大陆各个民族、各个国家合作团结的象征，有着强烈的向心力和凝聚力，在非洲大陆的自然环境和生存聚落中有着鲜明的地方性特征。非盟会议中心设计以场地环境为基础，尊重传统地域文化的场所特征，在一片无序的场地肌理中，以同心圆为体系建构起一套新的中心性空间结构，完成与原非盟办公楼的轴线对位，以圆与圆弧线的运动渐变回应自然自由的空间延展关系，创造出动态变化的空间，赋予建筑群纪念性的文化意义。在强烈的光影投射下，空间充满动感和魅力。

任力之对于圆的设计思考，在 2015 年意大利米兰世博会中国企业联合馆中有了进一步的尝试。作为展示体验性的空间场馆，其设计有了更多的创新，除了平面中自由挥洒的弧线开合，还有空间内外的翻转流动。为契合"滋养地球，生命的能源"的设计主题，任力之将"圆方""内外""刚柔"等一系列二元构成手法引入设计中，建构起一套开放、动态、平衡、有趣的空间体系，诠释了中国传统思想的意境。入口环形坡道、中庭椭圆"绿核"等，都以圆弧融合成动态空间，充分展示圆弧自由、自然的特征，通过钢板幕墙的延展性，完成了自由、复杂曲面的空间生成。这些设计无疑为任力之积累了塑造曲面空间的经验，突破了原来较为理性的思维定式，在多样环境、文化主题创作方面有了积淀，也将中国传统文化智慧中多元平衡、共生共存的思想转换成空间系统的圆融，以"负阴抱阳""内外相生"的结构，诠释宇宙万物的本源之道。

在自然山岭谷地间的设计，让任力之的"圆融"有了更成熟、自由的演绎。娄山关红军战斗遗址陈列馆将建筑隐入地下，山谷中只呈现出圆弧状的水池和弧线墙体。隐没于地下的陈列馆主体建筑，同样以同心圆的空间结构来组织陈列、展示、报告等功能，围绕圆形中心空间展开陈设布置，四周的扇形空间以规则的柱网组成聚合关系，完成了圆形建筑空间的纪念性功能。

圆与运动缠绕的墙体、空间

对自己的先辈和神灵的祭拜和纪念，是人类文化传承延续的基础。这既是族群凝聚的手段，也是保存共同记忆、建立共同体的纽带。人们通过特定的空间场所和内容仪式，完成与先辈的交流和与神明的联系。例如古希腊的埃比道拉斯剧场（表演场地直径 19m，剧场直径 118m），以自然环境的山势地形为基础，在山海之间营造出一个聚会演出的公共空间，引导人们在自然场景中，以歌唱、舞蹈、戏剧等方式与自然环境产生呼应与共鸣，在与自然的交流中涤荡身心。

娄山关红军战斗遗址陈列馆也有着与之相似的自然环境和空间尺度。它坐落在山谷中，两侧是满目的绿树丛林，周围是崇山峻岭，连绵起伏没有边界，一派祥和宁静。设计以此为背景营造出围合、聚集的仪式场景。

娄山关红军战斗遗址陈列馆的纪念性，除了同心圆的主体空间结构，还通过墙体与通道空间得以强化。圆形主体建筑的四周，弧形曲面墙体互相缠绕、裹挟，墙体层层叠叠、上下起伏、高低呼应着破土而出，在地坪上形成几个深深的豁口。这几组通道是自然沉积深处的入口，也带领人们走入历史之门，像考古般一层层地发掘自然深处的故事。纪念性建筑的尾声，以这深邃平缓弯曲的坡道完成。人们在默默的前行中似乎看不见空间透视的尽头，抬头仰望，前方豁口处终于有了光亮的远山和蓝天，纪念的仪式性与感悟在

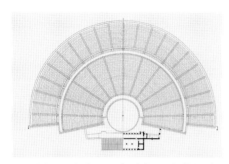
希腊埃比道拉斯剧场平面（图片来源：李道增，傅英杰.西方戏剧·剧场史[M].北京：清华大学出版社，1999.）

徐徐行进中铺垫。默默走上台阶的步履，是沉思、怀念，空气静止，只有轻声的脚步回响。圆弧墙体向上逐渐展开，融入了周围的山岭自然，豁然开朗。空间的收放开合，奥与旷的对比，使参观者完成了身心与自然的交融合一。

这些通道设计，无疑是对纪念性建筑体验的精彩诠释。行走在圆弧状缝隙般的空间中，被粗犷而自然的锈蚀钢板墙休引导着，仿如触摸到漫漫长路中的时光印迹，牵引着行进中的心情与思绪，这样的"留白"有助于纪念性场景与氛围的营造。

营造纪念性

路径与体验：纪念性的营造

纪念性建筑是为纪念历史上重要人物、重大事件而建造在当地环境中的建筑，通过建筑、雕塑、文字、声音等还原历史的过往，让观者与历史产生对话与交流。而进入纪念场所的路径设置，需要很好地营造出纪念的仪式感，如同整场纪念的引子和序曲，将人们带入纪念的状态，通过徐缓的脚步和静默的氛围，卸去日常的随意繁杂，逐渐进入静谧而纯净的空间场域。任力之设计的三个纪念性建筑对此做出了不同的构想，分别以中轴进入、相望而来、潜行迂回的手法来回应纪念主题和场地空间。

中轴进入的井冈山革命博物馆是经典的博物馆式布局，建筑中轴对称，背山临路面湖，依山就势嵌入山体，观者从中轴进入，拾阶而上，整条通道贯穿建筑，直指与山林交汇的纪念雕塑小广场，并向上延展指向山林，甬道充满仪式感、中心感，轴线中间的阶梯平台成为博物馆室内外重要的过渡空间，是举行重要活动和仪式的场所，形成整体空间的仪式感和序列感。整条中轴以山起始，穿过建筑指向挹翠湖，与茨坪革命旧址群隔湖相望，博物馆成为融入山水自然的永恒。

相望而来的遵义会议陈列馆在城市历史风貌保护区中，与遵义会议会址隔空相望。设计上通过建筑前的两组小广场的贯联，很好地组织起空间尺度上的过渡。遵义会议会址的庭院、小广场与原生的大树，呈现历史的场景，是自然亲切的日常尺度的生活空间。遵义会议纪念馆以公共性建筑的体量尺度，营造出纪念性的空间、广场，两组建筑的相隔相望，以及新建筑形式上的传承和对应旧建筑以相望而来的设置，使纪念性空间序列有节奏地展开。这样的对望也是历史与当下的对话，彼此在对照、映衬中有了更多的深意和启迪。

娄山关红军战斗遗址陈列馆，则是以自然的方式在山林峡谷中迂回潜行进入建筑。人们循着路径盘旋而来，望见山谷中的一泓深潭，迂回拉伸的路径距离，缠绕弯曲的空间，延长了思考的时间体验，留出的"空""白"，引发观者的沉静遐思，纪念性的主题在进入陈列馆时就有了很好的时空铺垫和渲染。参观结束后的路径设置，也以自然的迂回延续着纪念性主题。对自然的敬畏产生了顺应自然的设计，使得建筑与自然融为一体，将纪念性体验延展到了整个场所空间。

红色的寓意与建筑表达

长征纪念性建筑对红色的诠释运用，使建筑空间有了核心主题，引导观者的体验与感动。长征是中国共产党领导的红军创造的史诗，红色是党旗和军旗的颜色。在人类的历史长河中，红色既是大自然中太阳的象征，也寓意着生命（红色的血液）的源泉和希望。红色的火焰是温暖和能量，是摧毁旧世界迎来新世界的推动力。从远古到现代，人类赋予红色丰富的内涵与意义，并始终在不断诠释、创造新的意义。任力之的三组纪念性建筑对于红色的设计与演绎，结合了主题内容与场地空间环境，因地制宜地展开，有鲜明主题的呈现，有呼应传承的保持延续，也有隐喻深刻的手笔。

井冈山革命博物馆以巨大的红色挑檐，标注着纪念性和象征性。建筑屋檐宽近 90m，深挑近 10m，如华盖覆盖整体建筑。深远的斜向出檐，强化了地面上的宏大透视效果。红色出檐围绕建筑三边转折后，在向山背处折入地坪，形成围屋式的内院结构。一条红色花岗岩铺就的宽大台阶层层深入，穿过建筑直达背后的山岭。红色既是道路阶梯，又是头顶上的华盖，共同宣示着红色纪念性建筑在城市中的标志性，也将红军革命之路的红色升华为永恒的纪念。

遵义会议陈列馆的红色象征性主要体现在：在外部立面上以保留原建筑东线入口位置，以及主入口三层雨篷状红色檐口为重点，通过层层外挑的宽大檐口强化中心入口，同时在二层立面上以红色的竖向窗棂呼应遵义会议会址的红色木构装饰和红砖，构成场地内两组建筑的对话交流关系，加强两组建筑广场间的联系和协调性，以红色的象征性串联起陈列馆和周边街区，从而达到整体的统一。陈列馆中庭大厅的红色钢构玻璃天棚，在空间中渲染出

娄山关红军战斗遗址陈列馆

红色主题，营造出明朗纯净的文化空间，宣示着红色主题。

娄山关红军战斗遗址陈列馆在苍山翠谷的深处，山谷底部是白色的广场，中心水池倒映着山峦蓝天，只有三片醒目的弧形锈红色钢板墙体，从地下缝隙中缓缓升起，破土而出伸向天空，成为广场中重要的标志指引。锈红色在绿色的环抱中对比强烈而充满张力，经过岁月洗礼，耐候钢板沉淀出自然的色彩。当年战场的"马蹄声碎、喇叭声咽，苍山如海，残阳如血"，如今江山如画、往事越千年，平静山峦起伏，倒影如镜。

红色在这三组纪念性建筑中的应用，反映出建筑师潜意识中对历史事件的深刻思考、理解的一贯性，将红色这一自然与生命中最壮丽的色彩，有节制地注入每一组建筑设计中，从基地环境出发，尊重历史和空间文脉，将重大事件的意义诠释融入建筑、空间、环境中，勾连起过去、现在和未来，将建筑空间的象征性呈现出来。

小结

从江西井冈山到贵州遵义的三组长征纪念性建筑设计建造于近十五年间，从中可以发现任力之设计理念与手法的发展，也可见证设计者对于纪念性建筑的认识发生的变化。与此同时，纪念性建筑也逐渐开始深刻影响城市空间和人们的生活。

首先是纪念性建筑的公共性的强化。公共空间作为城市空间结构中的重要节点，能够推进城市空间秩序的重建，完善城市历史人文空间体系的重构。其公共性的优势与价值可以进一步探讨挖掘，遵义会议陈列馆正是这一方面的探索。

其次是纪念性建筑对历史人文价值的尊重。纪念性建筑保存了人类文明的足迹，将重大历史事件的影响和价值传承，将人类的自省、缅怀、思考永久地留在生活中。城市因为纪念性建筑而更具历史的厚度，日常空间因为纪念性建筑而有亮色指引。

最后是纪念性建筑日常性的延展。将纪念性建筑的空间、内容、仪式等融入日常之中，变为人们可普遍参与的过程的一部分，无论是在城市街区还是在自然风景中，纪念性建筑让生活更加有温度，也让人们找到了来时的路径。

在地性是纪念性建筑设计的源泉，意味着对当地历史、传统、文化的学习与尊重，也是对环境自然、城市空间、街道肌理、建筑形式的理解与传承。因此，任力之的纪念性建筑设计是以自语的方式讲述一段特殊的历史，以对话交流的姿态与周围建筑环境相融，将纪念性建筑根植于那片土地，成为永恒的历史印迹。

参考文献

[1] 埃德蒙·N. 培根 . 城市设计 [M]. 黄富厢，朱琪，译 . 北京：中国建筑工业出版社，2003.

[2] 肯尼思·弗兰姆普敦 . 建构文化研究——论 19 世纪和 20 世纪建筑中的建造诗学 [M]. 王骏阳，译 . 北京：中国建筑工业出版社，2007.

[3] 隈研吾 . 自然的建筑 [M]. 陈菁，译 . 济南：山东人民出版社，2010.

[4] 李允鉌 . 华夏意匠：中国古典建筑设计原理分析 [M]. 天津：天津大学出版社，2005.

[5] 刘敦桢 . 中国古代建筑史 [M]. 北京：中国建筑工业出版社，1980.

[6] 刘易斯·芒福德 . 城市发展史——起源、演变和前景 [M]. 宋峻岭，倪文彦，译 . 北京：中国建筑工业出版社，2005.

[7] 罗小未，蔡琬英 . 外国建筑历史图说 [M]. 上海：同济大学出版社，1986.

[8] 诺伯舒兹 . 场所精神——迈向建筑现象学 [M]. 施植明，译 . 武汉：华中科技大学出版社，2010.

[9] 任力之，张丽萍，吴杰 . 矗立非洲：非盟会议中心设计 [J]. 时代建筑，2012(3): 94－101.

[10] 孙倩，任力之 . 春色有中无：2015 年米兰世博会中国企业联合馆 [J]. 时代建筑，2015(4): 102－107.

[11] 巫鸿 . 美术史十议 [M]. 北京：生活·读书·新知三联书店，2016.

[12] 徐风 . 魔盒：上海交响乐团音乐厅 [M]. 支文军，丁洁民，徐洁，副主编 . 上海：同济大学出版社，2017.

[13] 徐坚 . 名山：作为思想史的早期中国博物馆史 [M]. 北京：科学出版社，2016.

娄山关红军战斗遗址陈列馆

解读 | 自然时空的诗意建构

访谈 | 吴晓涛　李楚婧

娄山关又名娄关、太平关，是大娄山脉的主峰，海拔 1576m。

娄山关位于贵州省遵义市北部大娄山山峰之间，距市区 50km。这里处于遵义、桐梓两地的交界，是川黔公路和川黔铁路的交通要道，自古为黔渝两地间的必经之路，人称黔北第一险要，素有"一夫当关，万夫莫开"之说，历来为兵家必争之地。

1935 年 2 月，毛泽东、周恩来、王稼祥、张闻天、朱德率领红军，大战娄山关，取得了红军长征以来的第一次大胜利。因此，娄山关载入了中国革命的史册，成为人们向往的革命历史圣地。

自然时空的诗意建构

从地形到场所

建筑的最终目标就是场所的创造和保存。

——诺伯舒兹

　　娄山关红军战斗遗址陈列馆（后文简称陈列馆）位于贵州省遵义市大娄山脉的山谷中，这片山谷在先前的开发中已被生硬地平整为水泥停车场。即便如此，场地周边依然保持着较好的原生态环境。因此，在设计和建设的过程中，自然与人工之间的矛盾是项目不可回避的话题。

　　群山环绕的场地南面紧邻的翻山国道，是到达场地的主要途径。场地的东北角，是两侧山体形成的巨大冲沟；场地西北角的山谷之间，则有条通往山上战斗遗址的上山步道。在高低起伏的地形之中游走，眼前的景色交替变幻。意大利建筑师维托里奥·格里高蒂对场地的天体学含义的解读启发了项目对于建筑与场地的认知："建筑的起源既不是茅屋，也不是洞穴或者什么神秘的乐园中的亚当之屋。在人类还没有将支撑转化为柱子，或者将屋顶转化为山花以及用石块进行砌筑之前，人类已经将石块置于大地，在混沌一片的宇宙中认知大地，对它进行思考和修改。"处于这片绵延不绝、峭壁绝立的苍莽大地上，建筑的本质意义已不在于形式，而在于通过建筑的介入激发出场所的精神。

2013 年

2013 年

场所结构的逻辑

当场所结构被视作一种内在的逻辑，场所本身已经被纳入空间的关系系统。诺伯舒兹将场所结构描述为"地景"与"聚落"的关系，强调建筑作为人工场所在自然场所中通过实体限定而形成的空间特质。

在连绵不断的大娄山脉中，边界完整的内外分野显然对"地景"有入侵的意味。因此，在陈列馆环境层次的建立上选择了重构建筑与其场地固有的"图案"与"背景"关系，使建筑的外部实体仅作为既有自然环境层次的补充要素，在最大程度上延续广阔自然的结构完整性。同时，摒弃与自然隔离的象征或隐喻手法，在建构方式上将陈列馆自身作为"地景"的一部分。自空中俯瞰获得的图景显现了如画美学新的可能性，与大地一体的形态无意通过诠释自然来明确场所特性，手法在这里获得解放。

场所主体

场所概念下的建筑空间脱离了单纯的抽象视觉艺术的范畴，空间使用者成为场所主体，而场所则成为对主体愿望、知觉的综合回应。陈列馆场所精神的产生机制因循普适规律：由场所客体提供特定的体验空间，作为主体的使用者通过知觉、情感、行动等主观体验形成心理投射与场所记忆，最终通过主客体的一致性实现场所精神的表达。

"场所体验—心理投射"作为这一过程的核心，是设计关注的重点，即在确定文化意象的框架下，通过对体验空间的组织实现对陈列馆参观人群特定文化心理特征与需求的回应，同时兼顾这一场所作为文化与心理一体两面、相互建构的载体功能。这里的场所主体——陈列馆参观者所产生的心理层面的期待、情感与记忆是多面的，对战斗历史的理性认知、对文学艺术的鉴赏感怀、对地域风土的人文共情以及对主流意识的价值认同等深层因素共同构成了主体对场所的心理及情感预设。设计的目标是把掩映在群山中的陈列馆塑造成具有综合情感价值的空间体系，并在文化心理方面以"形体愉悦"回应人的"思想的期望"。

区域地形剖面

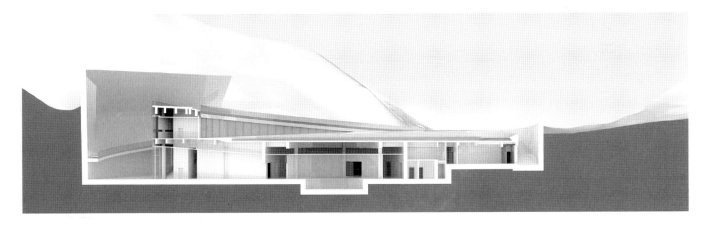

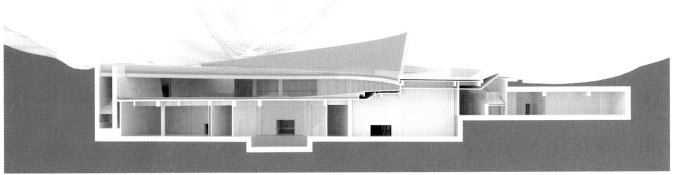

空间结构剖切

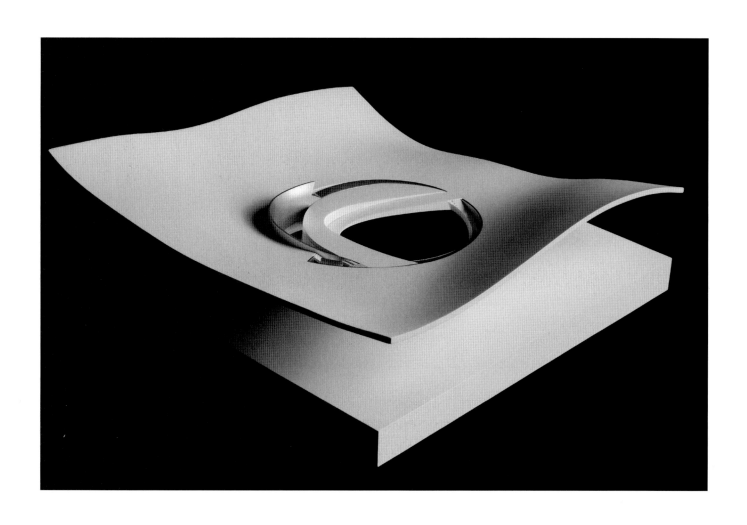

概念模型

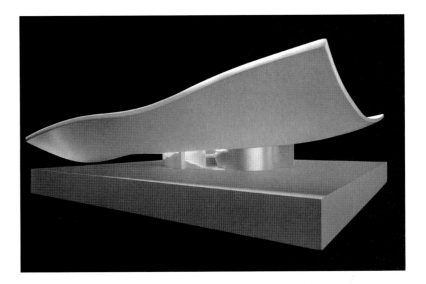

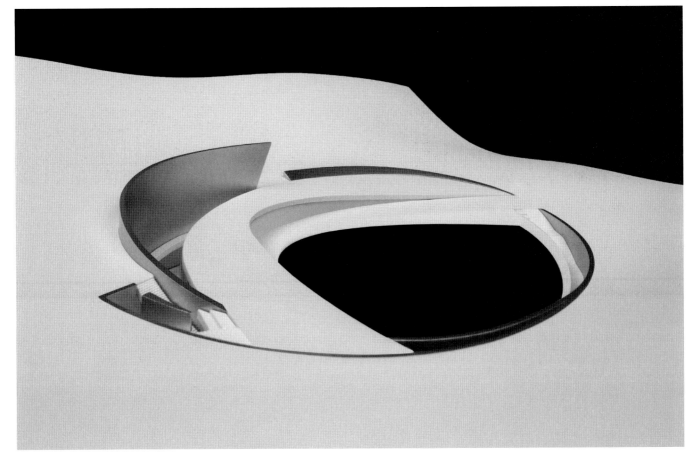

入口广场水池
建筑水平地伸展匍匐于山谷之中，以将自然环境抽象再现的方式，呈现"消隐"
的姿态；广场中设置浅水池，映照周边环境，进一步使建筑与大地融为一体。

与自然"缝合"

场地周边的山体地势北高南低，原先开发时为了切出平整的场地，人为地在场地周边和山体之间塑造出生硬的垂直挡墙。陈列馆采取将"建筑介入"与"地景还原"相结合的"自然缝合"策略，顺应山体走势规律对现状进行微地形改造。从盘山公路进入陈列馆场地后，地面"断裂"形成一起、一伏两条路径：水平的曲面从场地中由南向北逐渐升起，直至与场地北面通向山上遗址的上山步道相连接，消除了原有停车场与周边山体之间的断崖，恢复了自然山地连续完整的地形景观；另一边地面从场地南面往北面缓慢下行至陈列馆的主入口。除了这两条必经的参观路径之外，地面上再无硬质铺地。建筑水平地伸展匍匐于山谷之中，以将自然环境抽象再现的方式，与大地融为一体。

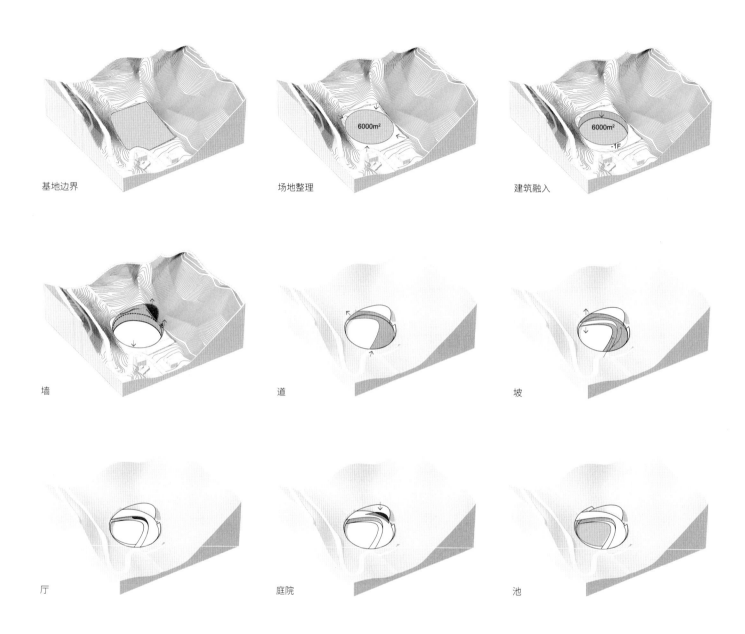

基地边界

场地整理

建筑融入

墙

道

坡

厅

庭院

池

形态生成

出于对自然地形的尊重，将建筑主体功能置于地下，构成的基本元素仅以两道曲面
形成垂直墙面与水平坡道，交叠围合，在下沉的展陈空间上方及四周形成一组开放
或半开放的空间。

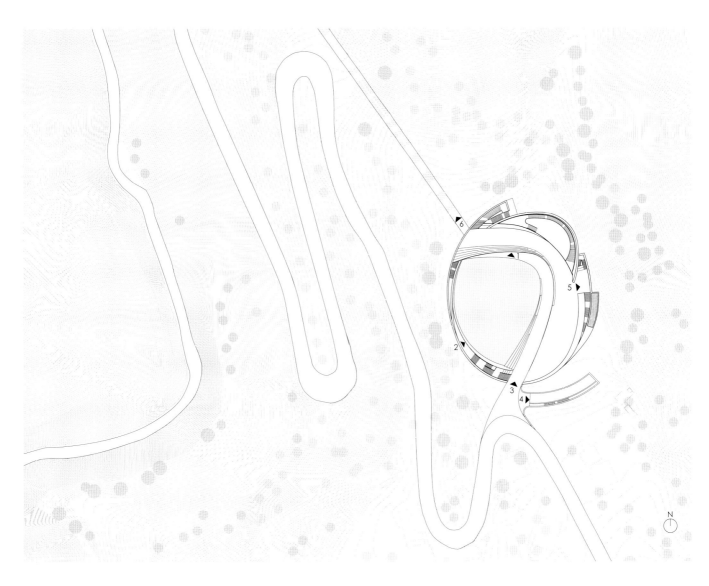

1 主入口
2 办公入口
3 前广场入口
4 车库卸货入口
5 疏散出口
6 上山台阶

从诗意到空间

艺术的抽象再现

　　艺术形式之间存在共通性，诗歌雕琢文字，建筑塑造空间，两者均有唤起人们产生移情感受的力量。从诗意到建构，在中国古典园林中由来已久，江南园林便是以石与木、山与水表述诗词中的意境而存在。日本园林讲求"抑、静"，在抽象的及物性上则更进一步，达到了侘寂的禅意境界，因而更具现代性。

　　毛泽东于1935年2月娄山关大捷后写下的《忆秦娥·娄山关》，以景衬情、意境宏大，尽显英雄之气。特别是毛泽东《忆秦娥·娄山关》书法，堪称其书法艺术的顶峰之作。作品注重布局谋篇，情感勃发，浑然天成。"书法在用笔，用笔贵用锋"，这篇书法作品，以中锋为主，略用偏锋，间用侧锋、扁锋等。毛泽东把中锋运用到了随心所欲、酣畅淋漓的地步，使原本就大气磅礴的词作愈加宏阔，达到了二度创作的最高境界。

　　陈列馆设计摒弃具象的建筑与文化符号，以抽象简洁的建筑语言诗意化再现历史与文学意境。这种由抽象到具象的形式和空间塑造过程，试图在最大程度上消解建筑、呈现自然。陈列馆作为纪念性文化建筑，从参观者主体的心理需求层面出发，结合战斗历史与文学艺术等人为元素形成文化场所意象的建构和情感的价值导向。不同于以往体量加减法的形式操作或符号化的某种风格提炼，陈列馆的设计直接采用极简线面围合抽象空间。设计寻求与毛泽东《忆秦娥·娄山关》壮丽诗篇相呼应的形之气势，体之雄浑。自由而又刚柔并济的线与面如铁划银钩，仿佛毛体奔放不羁的笔法，自身散发出强烈的场所控制力和限定感。

我们感兴趣于如何能够关注建筑艺术的建构性，同时又不削弱建筑再现价值的能力？我们如何能够在探究建筑本体呈现的同时不忘用建筑形式表现其他意义的诗性可能？

——哈里·弗朗西斯·马尔格雷夫
(Harry Francis Mallgrave)

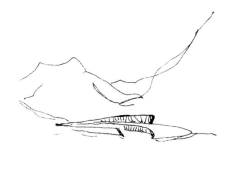

概念草图

缘地营造

　　建筑与特有的环境、文脉、历史事件相互作用形成的独特形态正是在地性的集中体现，也是建筑师通过逻辑生成对自然规律和历史事件的形式挖掘和缘地营造。因而，出于对自然地形的尊重，陈列馆主体功能被置于地下，地面以上建筑则处理得清晰简洁，仅以一划有力的弧墙置于群山之中，限定出建筑的场所；墙体的形式塑造取法自毛泽东书法"中侧并用，方圆兼得，轻生变化，牵丝映带"的行笔走字之势，抑扬顿挫、缓急有致、粗中有细，以大气磅礴的姿态限定出建筑的场域，烘托出周边环境；垂直曲面象征"铜墙铁壁"的关口，如坚如磐石的雄伟关隘，以多义的空间形态留给观者丰富的想象空间。

　　整个建筑的垂直墙面和曲面坡道采用消解尺度的方式建构，以宁静、冷峻的语汇述说历史故事，映射战事的艰苦与残酷，营造文学意境。曲面墙体采用 1.2m×3m 的基本模板进行双曲面有理化细分，密缝拼接。消解了尺度的墙体围合塑造出一种与参观者心理期待相对应的敬畏、怀念的空间氛围。

　　光线追寻太阳的轨迹，自建筑四周形状各异的院落空间倾泻而下，四周的下沉庭院将影子切割成不同的形状，光影变幻将场所氛围推向高潮，带来变幻莫测的惊喜。自然光色适时变换，结合锈红色材质营造出静谧、庄严的空间感染力与知觉体验。

入口广场

陈列馆的主体功能被置于地下，露出地表的是两个垂直与水平的曲面，曲面的交汇处形成建筑的主入口。垂直曲面从地面升起，在场地的东北角达到最高点，以"关口"的形态回应基地东北角的峡谷。

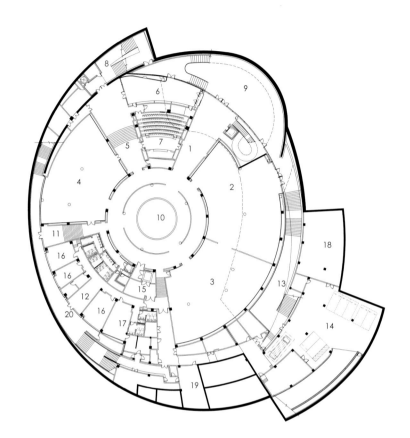

1 门厅
2 展厅 1
3 展厅 2
4 展厅 3
5 出口门厅
6 纪念品商店
7 报告厅
8 楼梯间
9 下沉庭院 1
10 沙盘区域
11 疏散通道
12 办公门厅
13 下沉庭院 3
14 地下车库
15 文物修复室
16 办公
17 会议
18 暖通设备室外平台
19 消防水泵房
20 下沉庭院 2

地下一层平面图

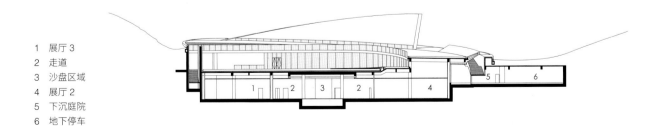

1 展厅 3
2 走道
3 沙盘区域
4 展厅 2
5 下沉庭院
6 地下停车

1-1 剖面图

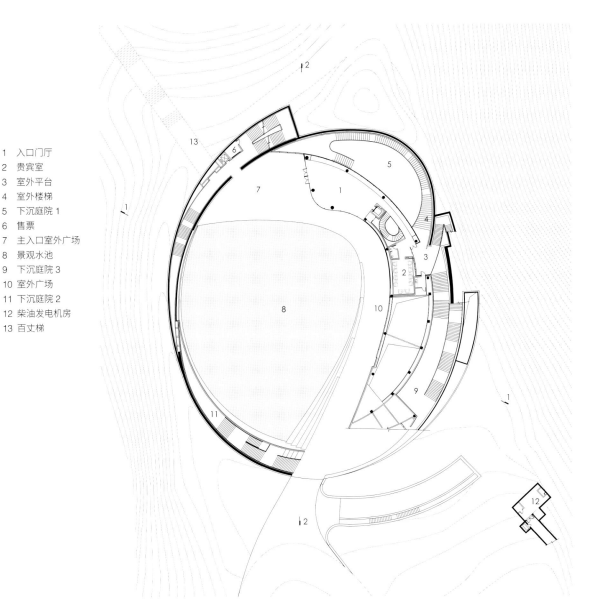

1 入口门厅
2 贵宾室
3 室外平台
4 室外楼梯
5 下沉庭院1
6 售票
7 主入口室外广场
8 景观水池
9 下沉庭院3
10 室外广场
11 下沉庭院2
12 柴油发电机房
13 百丈梯

一层平面图

1 纪念品商店
2 屏幕控制
3 报告厅
4 讲解员休息
5 走道
6 序厅
7 沙盘区域
8 通道
9 卫生间
10 新风机房
11 污水泵房
12 工具间
13 室外通道
14 雨水回用机房
15 清水房

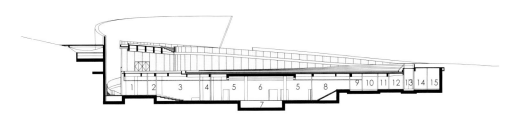

2-2 剖面图

入口空间回眸

四周如海苍山与宁静水面，与当年"马蹄声碎，喇叭声咽"的喧嚣形成对比。参
观者于陈列馆门厅处回眸，远方群山与近景建筑浑然一体，"苍山如海，残阳如
血"跃然眼前。

路径与情节

陈列馆建筑有着双重叙事路径的情节建构，类似于音乐创作中的复调叙事。作为娄山关景区重要节点之一，陈列馆形成了通过百丈梯连接的旧陈列馆和景区国道之间的宏观路径，以及建筑内部参观的中观路径。即使在闭馆的时候，游客依然可以在建筑屋面和四周院落中漫游。曲折的坡道台阶、不停变换的高差，与山地起伏呼应。观者漫游其中，脚下碎石砂砾摩擦发出的声音，仿佛唤回到了"马蹄声碎，喇叭声咽"的铿锵岁月，重温当年艰苦跋涉的峥嵘岁月，同时又感受到当今的和平与美好。空间结构与运动通过松散的情节编排形成和谐与连续的记忆。

空间感知

参观者与陈列馆环境的互动关系使参观者对场所的特征形成感知，主要表现为人在空间中所体验到的方向感与认同感。由于"方向并未与内容一起产生"，对于参观者活动方向的预设和组织在设计中与场所内容同样重要。方向感的设定与场所的中心位置及抵达中心的路径相关，经由可感知的路径到达场所中心能够使记忆仪式化，从而获得更深层的场所特征感知。陈列馆被消隐的中心地带保留了地景结构的完整性，同时又加深了路径终点的集中性。螺旋形预先暗示了运动和方向，体验路径的两种模式同时在陈列馆的空间序列中实现：经与大地一体并由南至北缓慢下行的曲线路径可以到达陈列馆的主入口，进入展陈空间的主体部分，而入口处回眸所呈现的诗意图景则无疑为参观者带来强烈的美学震撼，二者分别诠释了"由连续路线抵达高潮"和"抵达中心时感动惊奇"。陈列馆体验路径的另一特别之处在于，人并非场所方向的被动感受者，对方向感的获取是具有选择性和探索性的，通向遗址的上山步道和迂回漫游的参观流线在形态和材质上的整体性设计为选择和探索提供了基础。

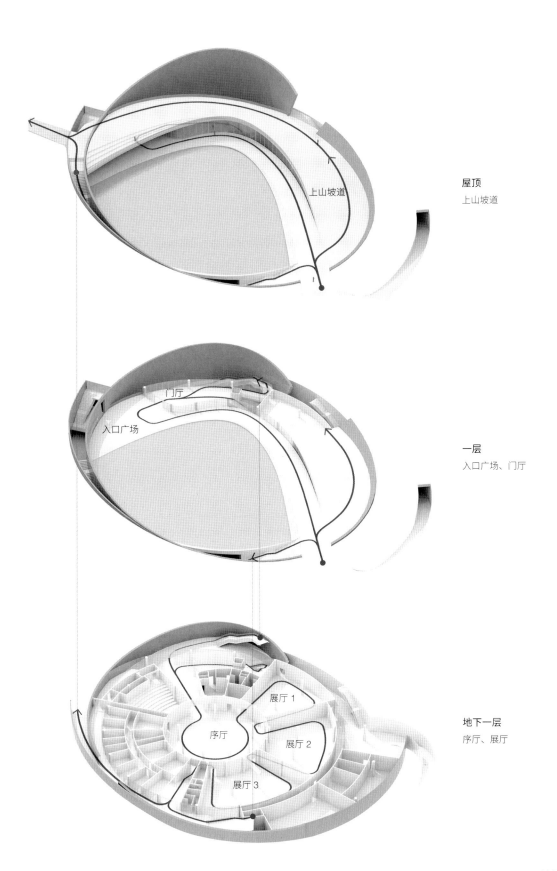

屋顶
上山坡道

一层
入口广场、门厅

地下一层
序厅、展厅

上山坡道

入口广场 门厅

展厅 1
序厅
展厅 2
展厅 3

参观流线
上山流线

　　陈列馆的参观者能够在空间体验中较为轻松地获得对场所的认同感，一个重要原因是提供了多重理解方式，陈列馆是某种程度上的意义的综合体。地景还原的场地形态处理在置入人为活动的同时巧妙弥合了环境缺口，传统的自然观念根植于最初的建造中；横纵交叠的立体空间与水面、庭院、廊道等景观性节点，塑造出与诗词文学及相关书画艺术相吻合的人文意境；干砌片石的庭院挡土墙表征了工业化时代的场所营造对地域文化的主动选择，在地的存在性强化了纪念场所引发共情的潜能；结构、细部的消隐处理使整体空间极尽抽象，在渲染平静、冷峻氛围的同时也展现出导引参观者的强大情感力量。不同维度的心理愿景都能够在这一场所中得到投射，更多开放与半开放式的空间增加了人在场所中的参与度，主体由此在与场景的持续互动中获得自我身份认同。

主入口

陈列馆门厅的入口灰空间采用了大跨度预应力混凝土径向梁，以获得完全无柱的
抽象空间，1.2m 高的大梁被小心翼翼地隐藏在完全无缝的顶面之上，延续了水
平曲面底部处理"面"的原则。

上：办公区入口外景
建筑西南侧的下沉庭院给办公管理人员提供了独立的流线，同时也解决了办公区
域的采光通风问题。

右：展厅东侧下沉庭院外景
庭院挡土墙采用干砌片石的做法，青色石板取材于附近采石场的边角料，
干砌的做法延续了贵州山区布依族的原生干砌片石墙体的传统。

从物质到建构

材料的属性

　　"材料的性质决定形式的性质"，陈列馆的构成曲面被赋予了不同性格的材料，材料的表面呈现出不事雕琢的初始质感，材料之间采用"刚性"的方式交接：不同板片元素的线、面之间精确对位，不同材料的交接节点以"分离"的方式消失，通过强烈的材性对比——粗糙与光滑、沉重与轻盈、人工与自然，形成冲突并置。板片之间产生若即若离的相切关系，形成空间的张拉，塑造出无限延伸和寂静的抽象空间。

　　陈列馆外部空间的材质主要包括耐候锈蚀钢板、玻璃、石材、水体等。围绕场地一周的弧形墙体采用锈红色耐候钢板，不粉饰任何表面装饰或符号，犹如"铜墙铁壁"，隐喻建筑和战斗之间的关联。耐候钢板表面保留着钢板自然氧化过程的痕迹，透着原始粗犷的质感。锈红色钢板从周边的自然环境中显现出来，与翠绿的树林背景交相辉映。除此之外，其他材质的运用都力图使建筑体量消融于环境中：透明玻璃兼具透射与反射的双重属性，从室外看，玻璃通过对周围环境的反射，隐匿了自身及其围合的体量，突出了水平曲面与垂直曲面的搭接关系。位于场地中央的水池，犹如镜面倒映着建筑周围的群山绿树，巧妙地将建筑转换为自然的一部分，构筑出建筑与自然共生的画面，形成一种"巧于因借，精在体宜"的沉浸式体验。

　　展厅东侧的下沉庭院是日常展厅后勤管理流线的出入口。庭院挡土墙采用干砌片石的做法，青色石板取材于附近采石场的边角料，干砌的做法延续了贵州山区布依族的原生干砌片石墙体的传统，厚薄不一的石板外观不经任何处理，完全裸露石材加工留下的自然斧斩面。完成后的青色石板墙与顶面醒目的锈红色钢板屋檐交相辉映，表达了现代与传统、城市工业化与乡村手工艺的互动。

归根结底，一切都取决于建筑如何通过精确的形式表达出来。这样说并不是否定空间的重要性，而是通过准确的建造彰显空间的特点。

——肯尼思·弗兰姆普敦

锈红色耐候钢板幕墙局部

围绕场地一周的弧形墙体采用锈红色耐候钢板，犹如"铜墙铁壁"，暗示建筑和
战斗之间的隐秘关联。耐候钢板表面保留着钢板自然氧化的痕迹，透着原始粗犷
的质感。作为暗示建筑文化属性的符码，锈红色钢板从周边的自然环境中显现出
来，与翠绿的树林背景交相辉映。

上：局部俯瞰

从空中俯瞰，陈列馆的平面是一张由若干曲线与曲面构成的抽象几何图，这些曲面之间的分离与融合创造了由曲面边界限定的丰富空间体验。线、面构成的基本元素同时被赋予不同性格的材质，以恰当的连接构建场所的空间层次与张力。

右：内庭院及坡道楼梯外景

光线自四周形状各异的院落空间倾泻而下，下沉庭院的光影流动烘托出富于变化的场所氛围。自然光色适时变换，结合锈红色材质营造出静谧、庄严的空间感染力与知觉体验。

庭院坡道

垂直墙面与坡道交叠围合，不经意间在下沉的展陈空间上方及四周形成一组
开放或半开放的空间场所——水池、庭院和廊道空间，其各自不同的功能特征与
纪念氛围，营造出漫游路径的场所叙事。

下沉庭院

上行的坡道与蜿蜒的墙体之间形成一道罅隙，犹如将山体切开，形成深入山体中
的垂直通道，垂直向的空间形成了下沉的内庭院。

"消隐"的建构

　　亨利·列斐伏尔（Henri Lefebvre）在《空间的生产》中谈及抽象空间，认为这是"从空间中的'物的生产'到空间的生产"。抽象空间，即被概念化的空间，弱化了空间界面的材料，使人从对空间表观形态的感知转到对空间本身的感知上来，呈现为"代替日常现实空间的一种符码系统"。建筑对空间本体性的呈现，传达出建筑以客观视角再现历史事实的立场。

　　为了强化建筑的抽象性特征，陈列馆内外部空间都延续了抽象构建的原则：建筑的支撑结构关系被尽可能地隐藏，露出地面的曲墙对形式结构的表达简化到了极致；屋面与支撑结构的细节表达被减到最少，同样是一种对受力关系的隐藏；为了获得完全无柱的抽象空间，陈列馆门厅的入口灰空间采用了大跨度预应力混凝土径向梁；水平曲面的底部处理延续了"面"的原则，连续的吊顶平面隐藏了建筑结构的建构关系；除了让主体结构消隐，立面的围护结构也采用最大化消隐的设计。建筑中的柱、墙、顶棚等建筑元素被分离，所有的体量关系都被转换成面与面的交接，水平板片获得了非建构性的漂浮感，水平空间的无限感也由室外延续到了室内。

上、下：地下一层门厅内景

下沉庭院及序厅外景
材料的表面呈现出不事雕琢的初始质感，材料之间采用"刚性"的方式交接：不
同板片元素的线、面之间精确对位，不同材料的交接节点以"分离"的方式消失，
通过强烈的材性对比——粗糙与光滑、沉重与轻盈、人工与自然，形成冲突并置。

结语

　　场所精神对自然决定论的强调已然发生了转变，人工场所可以脱离对自然的抽象"集结"而寻求更具自主性的新模式，陈列馆正是试图突破旧有局限的一种尝试。因此，这座陈列馆的场所营造并非意在寻回既往的场所语言范式，而是通过带有某种历史共通性的融合与重塑，容纳新形式的文化生活，以及史诗、颂歌、艺术与大地。

　　在这片充满历史记忆与壮丽景观的大地上，建筑的形式并非至关重要，重要的是思考自然的规律和决定因素，建立建筑与历史、场地的联系，以形成建筑的内在逻辑性和生命力。自娄山关之巅遥看远处连绵起伏的山脉莽莽苍苍，如大海一般深邃。残阳西落，洒下一抹如鲜血般殷红的余晖，"对建筑师来说，没有比自然规律更丰富和更有启示的美学源泉"。

参考文献

[1]　伊利尔·沙里宁. 形式的探索：一条处理艺术问题的基本途径 [M]. 顾启源，译. 北京：中国建筑工业出版社，1989.

[2]　弗兰克·劳埃德·赖特. 赖特论美国建筑 [M]. 埃德加·考夫曼，编. 姜涌，李振涛，译. 北京：中国建筑工业出版社，2010.

[3]　杰弗里·斯科特. 人文主义建筑学 [M]. 张钦楠，译. 北京：中国建筑工业出版社，2012.

[4]　HUNT J D. The Picturesque Garden in Europe[M]. London: The Thames and Hudson, 2002.

[5]　肯尼思·弗兰姆普敦. 建构文化研究——论 19 世纪和 20 世纪建筑中的建造诗学 [M]. 王骏阳，译. 北京：中国建筑工业出版社，2007.

[6]　肯特·C. 布鲁姆，查尔斯·W. 摩尔. 身体，记忆与建筑 [M]. 成朝辉，译. 杭州：中国美术学院出版社，2008.

[7]　LEFEBVRE H. The Production of Space[M]. Translated by Donald Nicholson - Smith. New Jersey: Wiley-Blackwell, 1991.

[8]　李楚婧，任力之. 有意无形——娄山关红军战斗遗址陈列馆的细部设计 [J]. 建筑技艺，2018(7): 38—47.

[9]　莫里斯·梅洛 - 庞蒂. 知觉现象学 [M]. 姜志辉，译. 北京：商务印刷馆，2001.

[10]　诺伯舒兹. 场所精神——迈向建筑现象学 [M]. 施植明，译. 台北：尚林出版社，2010.

[11]　任力之，廖凯，李楚婧. 时空涟漪——娄山关红军战斗遗址陈列馆 [J]. 时代建筑，2018(4): 67—69.

[12]　SWEENEY J J. Eleven Europeans in America[J]. The Museum of Modern Art Bulletin, 1946 (4/5).

水池边局部

建筑以平静、冷峻的语汇述说历史故事，表达战事的艰苦与残酷，营造文学意境。

仿佛轻轻拂去历史尘埃，再现历史，同时融入自然。

1　20mm 厚现浇钢筋混凝土顶板　　　2　金属滤网
　　防水卷材　　　　　　　　　　　3　溢水沟
　　保温层　　　　　　　　　　　　4　线形洗墙灯
　　200mm 厚现浇钢筋防水混凝土顶板　5　金属张拉网吊顶

1　50mm 预制清水混凝土板
2　10mm+12A+10mm 超白中空钢化玻璃
3　2mm 铝合金张拉网
　　4.0mm 厚 SBS 改性沥青防水卷材
　　1.5mm 厚三元乙丙橡胶防水卷材
　　20mm 厚水泥砂浆找平层
　　现浇钢筋混凝土水池体
　　65mm 厚 XPS 板保温层
　　隔汽层
　　20mm 厚水泥砂浆找平
　　现浇钢筋混凝土屋面
4　静水面
　　河滩石
　　40mm 细石混凝土板
　　隔离层
5　镀锌钢板静压箱

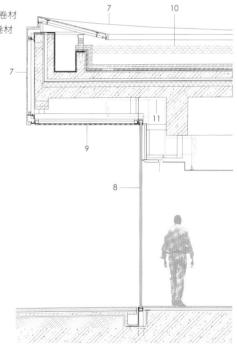

混凝土预制板水池边节点详图　　　　　　　　　　办公区屋顶景观水池构造大样图

1　5mm 锈面耐候钢板　　　　　5　泄洪沟 400mm（宽）×600mm（深）　　　1　5mm 锈面耐候钢板

2　80mm 清水混凝土板　　　　　6　50mm 芝麻白花岗岩　　　　　　　　　2　泄洪沟 400mm（宽）×600mm（深）

3　30~80mm（高）×200mm（宽）斧斩面青石板　　30mm 水泥砂浆　　　　　　　　3　50mm 芝麻白花岗岩石材
　　每 1m 预留拉结筋与砌块墙拉结　　　50mm 细石混凝土　　　　　　　　　　30mm 水泥砂浆粘结层
　　　　　　　　　　　　　　　　　陶粒混凝土垫层　　　　　　　　　　　20mm 水泥砂浆找平层

4　不锈钢格栅　　　　　　　　　　　　　　　　　　　　　　　　　　　4　4mm 耐候钢板

　　　　　　　　　　　　　　　　　　　　　　　　　　　　　　　　　5　拉丝不锈钢栏杆

　　　　　　　　　　　　　　　　　　　　　　　　　　　　　　　　　6　草旱沟

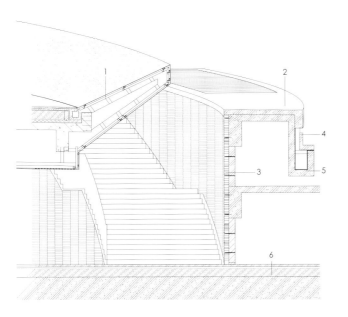

石板墙大样图

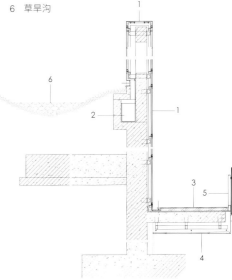

挡土墙大样图

访谈

吴晓涛访谈

娄山关红军战斗遗址陈列馆这个项目的建设初衷是什么？

吴： 我们之前有一个小型的陈列馆，但是规模非常小，面积大概只有100~200m²，随着时代的发展，我们希望能更好地帮助游客回忆当时的历史，传承长征文化，从长征文化里领略长征精神，因此需要一个规模更大、设施更好的陈列馆来展示娄山关战斗的相关历史；同时，遵义市汇川区区政府在2016年开始创建娄山关国家5A级景区，并做了相应的规划，规划中一项重要内容，就是娄山关红军战斗遗址陈列馆的改扩建，因此这个项目就启动了。

您认为陈列馆目前的方案有什么优点？

吴： 首先，陈列馆所在的基地三面环山，我们希望新建的建筑和周边的自然环境可以和谐相处，这个方案最大限度地保留了娄山关的原始地形地貌，没有去做过度的改扩建，也把娄山关的地形之险凸显了出来。其次，这个场馆建筑用了一种抽象性的表达，隐含了很多元素在其中，例如地面之上的红色钢板墙，感觉就像一条红飘带，如同中国工农红军的旗帜飘扬在关口；方案同时巧妙地利用了周围山上的流水，设计了一片水面，让山和水可以和谐共生。最后，陈列馆作为娄山关景区的一个组成部分，有机结合了景区的路线规划，成为一个非常重要的空间节点，例如游客先到达陈列馆，参观完陈列馆之后从出口步行上山，我们把上山的阶梯叫"百丈梯"，上行到关口后再去看战斗遗址，我们认为这条参观动线的规划，以及陈列馆与景区、与战斗遗址的结合都是非常好的。

目前社会各界对陈列馆的建设评价如何？

吴： 现在从游客的反馈上来看，毫无疑问地都是赞美，要么评价陈列馆建得十分漂亮，要么就是非常震撼。陈列馆同时接待了社会各界的大量团队参观，目前已经成为团队参观接待中必去的一个点，是娄山关乃至遵义的新地标之一。它的成功还可以从逐年增长的游客数量上反映出来：2017年6月陈列馆竣工开放，当年仅经营了半年时间，游客数量就已经达到了100万人次；2018年的时候达到了250万人次以上；2019年参观人数已经突破了300万人次。虽然2020年受到了疫情的影响，游客人数大幅下滑，但我们相信依托陈列馆的建设以及整个景区的打造，陈列馆乃至整个娄山关的红色旅游业会接待越来越多的游客，并发挥越来越重要的作用。

吴晓涛

贵州省遵义市娄山关管理处主任
娄山关红军战斗遗址陈列馆项目业主方代表

李楚婧访谈

能否回忆一下当时第一次去项目基地时的感受？

李： 当时去现场踏勘的时候确实感觉非常震撼。基地周边都是非常原生态的自然环境，娄山关地域的山形连绵起伏，尤其是从娄山关的山顶向下眺望的时候，真的有"苍山如海"的气势。所以当时我们在现场就想要把建筑用一种"消隐"的方式融入到环境中去，以一种非常"轻"的方式去接触自然，尽可能少地破坏自然。

这个项目地处山区，在建设过程中遇到了哪些困难？为了克服这些困难又做了哪些针对性的准备？

李： 首先，项目的场地条件确实不是特别好。在我们开始设计之前不久，场地周边就发生过一次泥石流，因为基地处在一个山谷中，汇水面积非常大，遇到山区暴雨时节，整个场地都存在被水淹没的风险。

因此，在夏季暴雨季节水的处理方面，建筑外围的弧形墙其实也有抵挡洪水泄入场地的作用。我们在建筑的周边一共设置了两道防线：第一道防线是利用自然的草沟形成一个旱沟，把山体周边流下来的水自然地从两边分流到山下去；万一草沟还不能及时排水，那么溢出的水就会流入我们在围墙设置的另一道隐蔽的截水沟，这个截水沟是"消隐"在锈蚀钢板墙的构造里边的，也就是第二道防线。

施工单位施工的时候没有按照我们的基坑支护方案实施，结果导致在场地开挖后，西侧山体出现了滑坡。为了控制整个山体的滑坡，施工单位野蛮地在陈列馆周边的山体表面铺满了混凝土格构桩，当时的景象让我们很着急，设计团队立即会同当地的水利专家以及景观专家沟通研究，在布满混凝土格构桩的山体上采取生态恢复的补救措施，所幸，最终山体表面算是恢复了原有的地形地貌，但格构桩可能还需要几百上千年才会真正地被降解。

最后，由于工地地处山区，同时贵州当地的施工条件相对简陋，因此我们尽可能用一些预制的方式来应对这些不利条件。例如耐候钢板的加工，我们首先通过模型确定好每块板材的尺寸、形状和定位，在工厂加工完运输到现场后就只剩安装这最后一道工序。水池的台阶也采用了预制混凝土，在上海生产加工好后直接运到工地进行安装，这样可以大大降低现场施工建造的难度。

李楚婧

同济大学建筑设计院二院三所副所长
娄山关红军战斗遗址陈列馆设计项目经理、建筑专业负责人

遵义会议陈列馆

解读 ｜ 植入记忆的文化景观塑造

访谈 ｜ 陈松　董建宁

遵义是贵州省下辖的地级市，地处中国西南腹地，位于贵州省北部，北依大娄山，
南临乌江，古为梁州之城，是由黔入川的咽喉，也是黔北重镇。
1935 年，中国共产党在这里召开了著名的"遵义会议"，成为了党的生死攸关
的转折点，遵义也因此被称为"转折之城，会议之都"。
遵义会议纪念馆是中华人民共和国成立后最早建立的 21 个革命纪念馆之一。
纪念馆由一系列场馆组成，其中主要包括遵义会议会址、遵义会议陈列馆、红军
总政治部旧址及名人故居等。

植入记忆的文化景观塑造

植入城市：记忆与生长的关联点

我不相信，不相信我已经逆着时间的假想河流而上，甚至还怀疑我是否已掌握了那难以领会的永恒一词中言不尽意或根本不存在的含义。只有后来我才终于给那个想象下了定义。……它们既不是相似，也不是重复，就是本身。

——豪尔赫·路易斯·博尔赫斯
(Jorge Luis Borges)

纪念空间：一种关于历史的文化景观

　　山中有城，古城沉静如诗，湘江穿城而去，又疏朗劲逸。遵义这座黔北重镇见证了革命历史的伟大转折，遵义会议、长征精神赋予了它厚重而鲜明的文化底色。坐落于遵义老城子尹路上的遵义会议旧址，作为城中心最重要的红色文化遗址，镌刻了革命老区的演变历程，能够同时对话历史与当下，是一处意义的集结地。

　　经改扩建的遵义会议陈列馆是以遵义会议会址为主体的纪念体系的空间延伸，其改扩建工程进一步支撑了相关展陈、服务功能与纪念场所内涵的拓展。就城市而言，会议旧址、陈列馆、历史街巷、纪念公园及周边环境共同构成了价值一致的纪念场所，以会议旧址为核心的纪念性场所成为其地域历史特质的一个缩影。因此，遵义会议陈列馆场所性的获得在于如何参与构建和扩展以红色历史为基底的城市文化景观，使历史、人文与自然能够从重新建立联系的文化景观体系中得到充分表达，并被认知。

奥多·马夸德（Odo Marquard）这样描述记忆文化与城市变迁的关系："处于进步之中的现代城市需要一种特殊形式的补偿，这便是文物保护文化与记忆文化的发展。"在以历史精神为基点建立的中心区文化景观中，作为"文物保护文化"载体的遵义会议旧址始终在多样性场景关系的组织中处于主体性位置，成为从纪念活动到日常生活的复合场景序列起点。兼容地表述着历史、变迁、回溯与铭记，遵义会议陈列馆于场景序列中充当了记忆文化与城市更新间的关联性节点。因此，纪念性场所在这里成为以革命历史为内核的地域文化展开形式，作为"全幅式社会文化图景中较为突出的文化事象"参与建构和重塑当地社会文化价值。

缘地更新：生长的城市结构

遵义会议旧址及陈列馆所在的遵义老城，自南宋年间建城，在迄今的八百余年演变中积淀了厚重的人文底蕴，也形成了特定的传统城市空间文化结构基因。因此，以遵义会议陈列馆改扩建为起点并延展至杨柳街、红军街、遵义纪念公园等区域的历史区域更新，受到历史街区传续与现代城市更新的双重属性限定，一方面纪念性场域应"与城市现存的历史空间形态结合"来表述"理性的城市意识"，另一方面也应当通过城市更新向日常民生与经济活动服务的延伸来提升既有城区的价值引力。

上：陈列馆北侧的博古故居

博古故居为遵义会议期间秦邦宪（博古）住所，位于老城杨柳街遵义会议会址
后门处，处在陈列馆基地的东北侧。

下：遵义会址旧址

在历史与更新的双重框架下，设计将改扩建后的陈列馆作为老城空间结构的生长点，植入具有黔北地区历史人文特质的群落肌理中，陈列馆及纪念场馆相关的建筑、广场与街道延续了地域性的组群特征，与古城"三街六巷"[1]的街巷格局，以及坡顶青瓦、粉墙合院的古韵风貌共同构成了可识别的环境整体。与此同时，更新后的纪念活动场域希望在参与城市更新的过程中提供更丰富的街巷生活模式，并通过多业态的精细化置入赋予遵义会议旧址及陈列馆周边区域全新的增长动能。遵义会议旧址、博古故居、红军总政治部旧址等遗存作为纪念相关实体要素，与更新后的陈列馆、红军街、杨柳街、遵义纪念公园及周边环境中的展览、商业、旅游、休闲功能空间建立相互激活的空间关系，形成层次丰富的公共活动系统，由纪念延伸至日常的场景序列因而获得了拓展的城市价值。

项目建成五年后，遵义老城被列为贵州省级历史文化街区，可期愿的是，区域内随城市更新而形成的人文、历史与运营生态也将在未来获得更可持续的、更具价值广度的意义与活力。

注释

1　遵义老城"三街六巷"是构成老城格局的重要传统街巷，其中"三街"指杨柳街、朝天街、梧桐街（现已经成为子尹路的一段），"六巷"是捞沙巷、狗头巷、姚家巷、丁家巷、何家巷、尚家巷。

陈列馆与毗邻的博古故居
陈列馆整体延续灰砖老建筑的灰色基调，门窗、檐口、入口等局部点缀红色要素，
与周边建筑达到了色彩上的统一与协调。

对话环境：情感与意义的基点

路径：叙事的两重层级

陈列馆以纪念性叙事为线索建立了内与外两重路径，其中外部路径形成于以会议旧址为主体的场地关系重塑，而内部路径则通过情节编排隐喻了历史时序的起承转合。

1）外部路径的结构

遵义会议陈列馆的改扩建为以会议旧址和陈列馆为主体的纪念空间体系重塑提供了契机。设计重新整合了二者原本相对松散的结构关系，通过外部叙事路径的设定形成一个具有纪念属性的完整领域。而作为历史文化叙事的要素主体，遵义会议旧址始终是二者外部空间组织的参照基点，同时也是纪念性领域中情感与意义的基点。

以会议旧址为基点建立的外部空间层次通过景观广场的高差层次进行界定，广场地面设定的高差在纪念体系的外部空间中"明确地划定领域"，同时又引导着纪念活动的秩序：观众由处于最前端的会议旧址广场进入观览序列之中，改造前用于分隔旧址广场与陈列馆广场的铁门被绿植挡墙取代，两个广场间高差与挡墙的结合设计使旧址广场上的参观者能够在视线上与陈列馆产生渗透但未能领略全貌的关系，陈列馆与会议旧址由此建立起一种运动指向性的联系。经由郁郁苍苍的景观甬道缓慢下行进入陈列馆前广场，平展持重的陈列馆于眼前豁然呈现。伫立回望，处于较高处广场上的会议旧址再次提示了在纪念场景中与历史交流的可能性。相互渗透的公共广场在参观者运动的过程中提供了以会议旧址为基点的记忆线索，这种通过广场而形成的连续景象感知被卡米洛·西特描述为"从一个广场走到另一个广场的特殊效果，因视觉参照的连续变化创造出从未有过的新印象"。因此，通过景观层次的合理引导，在参观者由会议旧址抵达陈列馆的外部路径的行进过程中，遵义会议旧址在叙事中的主体性和中心性被不断强调，以革命历史为起点的纪念性意图在外部路径和空间领域的体验中得到充分展现。

安全出口
EXIT

2）内部路径的隐喻

作为遵义会议纪念空间体系的构成部分，陈列馆内部叙事路径延续了纪念性场域关注空间感知与互动的组织逻辑，通过建立空间情境、历史时序与文化心理的同构关系，实现参观者对环境意涵的深层理解。

陈列馆内部展陈陈列以入口过厅为起点展开，观众自过厅转入序厅，依次穿过遵义会议前三次会议展区、遵义会议展区，经领导题词走廊进入红军转战贵州展区，并由此进入位于场馆中轴核心的共享中庭。对应于红军长征的展陈主轴线，场馆内部的观览流线隐喻了一种历史的时序性：遵义会议在革命历史中影响重大的转折性意义与空间节点在观览流线中因场所氛围转变而形成的叙事节奏相契合，基于人体感知而预设的场景转换在这里成为具有心理学意义的图示，在静默中沿宏大台阶导向光明的独特体验能够引发关于历史征程中"革命新途"[1]的充分联想。

隐喻历史情节的线性空间结构模式引导了想象、冥思与情感的发生，通过人与环境情景的相互作用，观众对红军长征、遵义会议、转战贵州等史实的切实感知在行进中转变为对遵义会议重大转折历史意义的深刻认知，其文化心理、行为与纪念空间属性的同构关系在观览过程中也得到建立。

注释

1 "革命新途"一词来源于时任红一方面军第三军团副参谋长的伍修权所作诗词《七律·历史转折》，原文为："铁壁合围难突破，暮色苍茫别红都。强渡湘江血如注，三军今日奔何处？娄山关前鏖战急，遵义城头赤帜竖。舵手一易齐桨橹，革命从此上新途。"

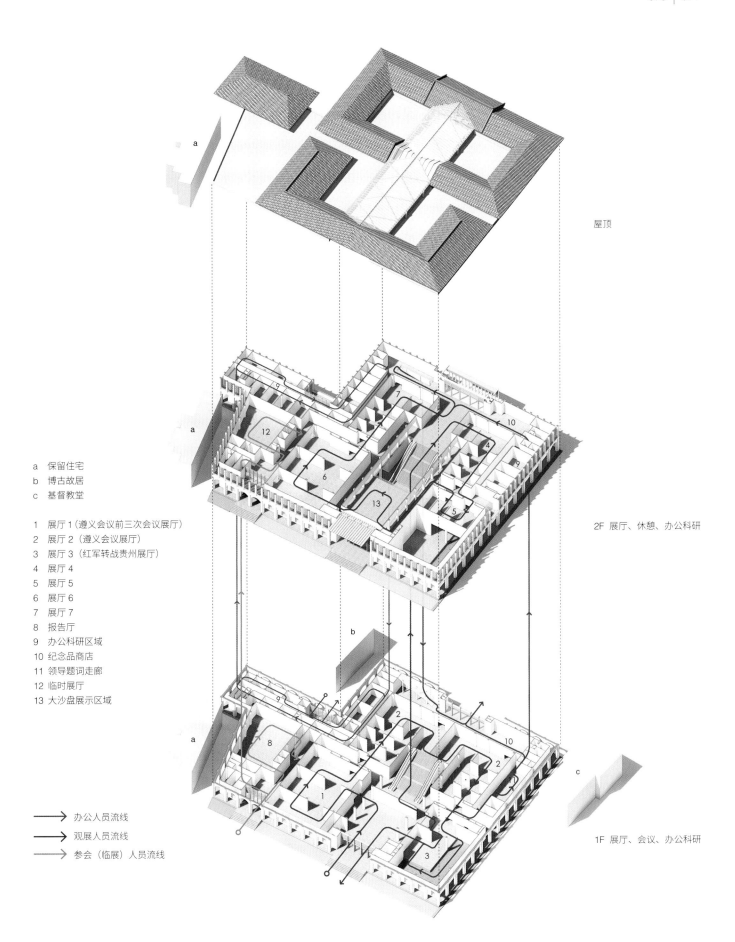

屋顶

a 保留住宅
b 博古故居
c 基督教堂

1 展厅1（遵义会议前三次会议展厅）
2 展厅2（遵义会议展厅）
3 展厅3（红军转战贵州展厅）
4 展厅4
5 展厅5
6 展厅6
7 展厅7
8 报告厅
9 办公科研区域
10 纪念品商店
11 领导题词走廊
12 临时展厅
13 大沙盘展示区域

2F 展厅、休憩、办公科研

1F 展厅、会议、办公科研

⟶ 办公人员流线
⟶ 观展人员流线
⟶ 参会（临展）人员流线

陈列馆主入口

陈列馆延续了遵义会议旧址中坡屋顶、三段式及竖
向两层的总体形制，大面积灰色石材与砖饰面
与局部红色的门窗、檐口等细部构成具有联想性的
鲜明色彩关系，以新材料再现并延伸了当地历史
建筑灰砖红木所沉淀的情感基调。

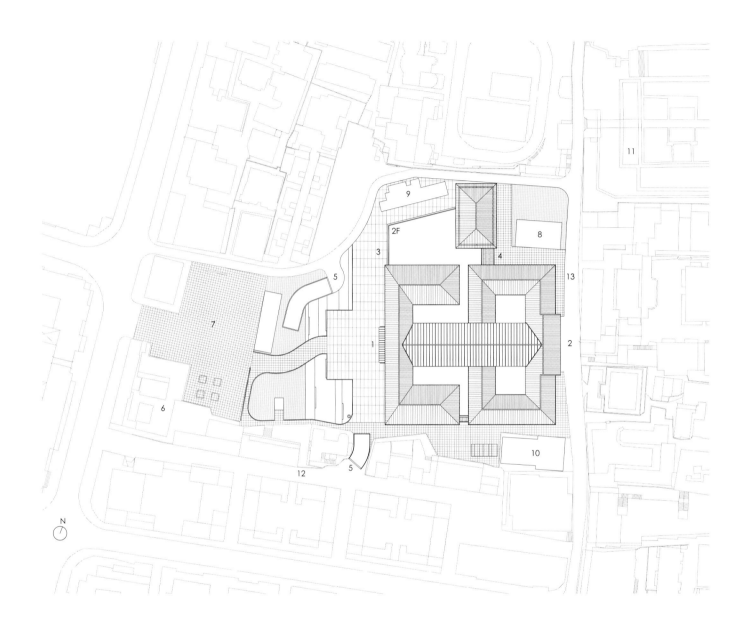

1　陈列馆主入口
2　陈列馆出口
3　报告厅临展入口
4　办公及展品出入口
5　地下车库出入口
6　遵义会议会址
7　会址广场
8　博古故居
9　保留住宅
10　基督教堂
11　红军总政治部旧址
12　会址路
13　杨柳街

总平面图

1　消防水泵房
2　消防水池
3　工具间
4　储藏
5　排烟机房
6　弱电间
7　柴油发电机房
8　变配电室
9　强电间
10　气体钢瓶间
11　空调水泵房
12　无线网络机房
13　值班间
14　弱电进线间
15　车库排烟机房
16　进风机房
17　旧馆范围

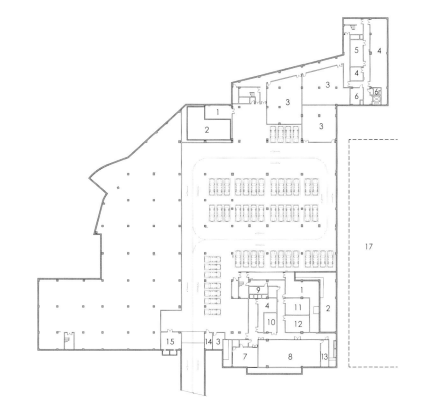

地下一层平面图

1　序厅
2　过厅
3　展厅1（遵义会议前三次会议展厅）
4　展厅2（遵义会议展厅）
5　展厅3（红军转战贵州展厅）
6　报告厅（286座）
7　休息厅
8　领导题词走廊
9　过厅
10　纪念品商店
11　办公门厅
12　文物修复室
13　贵宾接待室
14　鉴定室
15　登录室
16　空调机房
17　信息网络机房
18　消防安保机房
19　接待处
20　讲解员休息室
21　强电间
22　弱电间
23　报警阀间

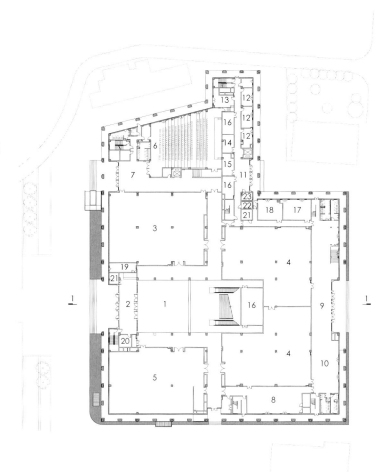

一层平面图

1 展厅 4
2 展厅 5
3 展厅 3 上空
4 展厅 6
5 展厅 7
6 休息区
7 沙盘展示
8 咖啡吧
9 临时展厅
10 文物库房
11 室外平台
12 管理室
13 会议室
14 技术办公室
15 纪念品商店
16 强电间
17 弱电间
18 空调机房
19 储藏室
20 服务间

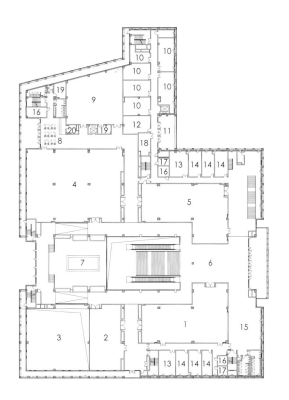

二层平面图

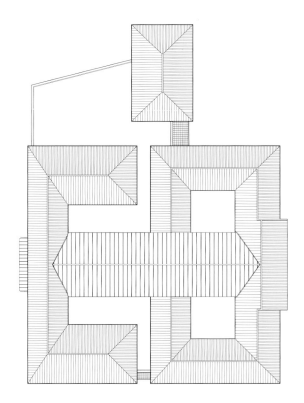

屋顶平面图

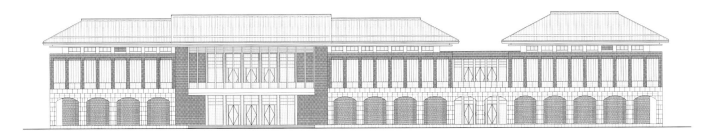

东立面图

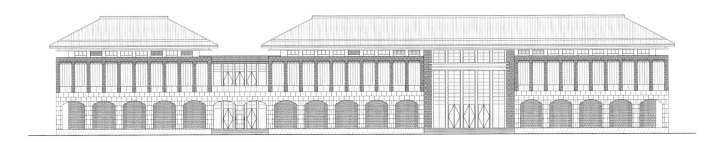

西立面图

1 过厅
2 序厅
3 空调机房
4 遵义会议展厅
5 过厅
6 设备夹层
7 休息大厅
8 地下车库

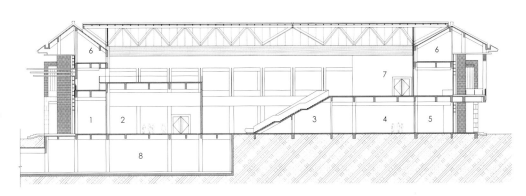

1-1 剖面图

形式：文化符号的客观性重构

作为建立于"历史 - 现代"双重语境下的纪念性场所，遵义会议陈列馆的空间形式生成是一个基于场所属性与功能内容对在地文化符号进行客观性重构的过程，通过对传统文化图式、革命历史意象及现代场所功能在可见形式层面的理性回应来阐释建筑不可见的精神价值。

在多样的在地文化语汇中，遵义会议旧址作为纪念序列的端点，为遵义会议陈列馆提供了记忆要素与形式语言的基础。曾为黔军 25 军第 2 师师长柏辉章官邸的遵义会议旧址，是黔北地区名仕宅邸中以本土民居形制汲取西方建筑艺术特色而建成的代表性作品。与贵州同为民国时期建造的贵阳虎峰别墅等宅第相似，遵义会议旧址以中西合璧的砖木结构代替传统民居的木结构，歇山式屋顶上盖小青瓦，以兼具民居外廊与西方近代券廊风格的连续拱券外廊环绕并成为立面构成的主要元素，砖砌拱券以青砖白缝的圆形檐柱承托，紧邻主楼建有木结构合院。

对以遵义会议旧址为主体的文化符号的客观性重构被开放性地运用于建筑的院落布局、体量关系、色彩质地及细部元素等建筑元素系统之中，具有风土特征的建筑语言被重塑为一种能够感知过去的空间形式，可用含义的"连贯变形"的过程，赋予了建筑语言一种新的意义。

　　首先，陈列馆的总体形态在视觉层面上被控制在具有民居院落田字格式特征的形式体系之中，结合既有环境与容量需求在高度与体量上进行消解处理以保证城市肌理的完整性，陈列馆与老城建筑相融互映，成为黛山秀水中呈现自然与历史力量的如画图景。其次，与历史场景相关联的具象原型在陈列馆中转化为可被解读的隐喻形式，被保留的形式细节赋予建成环境唤醒集体记忆的潜能。陈列馆延续了遵义会议旧址中坡屋顶、三段式及竖向两层的总体形制，大面积灰色石材与砖饰面，同局部红色的门窗、檐口等细部构成具有联想性的鲜明色彩关系，以新材料再现并延伸了当地历史建筑灰砖红木所沉淀的情感基调。同时，历史建筑中花格窗的繁复纹理、拱券及线脚的曲线、檐柱的仿科林斯式柱头等细部作为文化符号，在被转译的过程中遵从了一种能够连接当下的转变和重组原则，复杂形式元素被提炼、简化成为具有象征意味的现代形式语言，纪念性情景中所隐含的"历史意识"对于"过去的现存性"的表达得以实现。

　　以历史建筑形态、风格、色彩等为原型的符号重构成为陈列馆空间系统组织的内在逻辑：竖向肌理、划分比例、红色材质等要素在建筑入口、屋顶挑檐、连续券廊、二层外窗、采光中庭等不同尺度上的连续转换构成了一种交互的内在联系，"细部之间符号的相互参照，使得原文有无限译码的可能……同一母题图案在不同尺度上的重复和转换，能够获得无穷尽的意味"，传统文化符号在陈列馆空间中通过关联性的变形与互文连缀成为纳入现代场所精神的新的语义。

陈列馆与周边建筑的形态关联
陈列馆遵循遵义会议旧址建筑横向三段、竖向两层、坡屋顶的总体形体关系；
局部形体要素遵循周边建筑立面的竖向线条比例；以架空外廊呼应老建筑外廊空
间，抽象提取拱券、花格窗等形式要素融入具有现代特征的新建筑中。

陈列馆北侧与博古故居一角

陈列馆与周边建筑、广场及街道延续了地域性的组群特征，与古城"三街六巷"的古韵风貌共同构成了可识别的环境整体。

空间：场景与容量的重置

扩容：空间的操作

作为除遵义会议旧址外在阐释和延续历史事件精神意涵层面最具价值的纪念性场所，改扩建前的陈列馆旧馆由于容量限制已无法承载其深厚历史意义及城市红色旅游发展所对应的功能。因此，我们在陈列馆改扩建中结合外部环境关系及内部展陈内容，在成本控制的前提下对既有空间进行适当的扩容操作。

首先，为重塑陈列馆与会议旧址间更紧密的对话关系，设计在总体上延续了旧馆以会议旧址广场为轴线基点的对称布局，空间的拆除与新建均在中轴的限定作用下进行。在空间结构上，旧馆中可用于改造的两层高主体结构被保留下来，原仅有一层的部分空间被扩充为二层，原室外院落转化为室内展陈空间，并于北侧加建 L 形体量；在功能布局上，保持原有序厅位置及主要展厅模式，将增设后的各展厅以中庭为核心进行组织，构成完整贯通的观览动线，以时间为线索的展陈序列通过空间扩容构建出纪念场所中具有完整性与感知层次的叙事节奏。

室内中庭
自然天光由顶部进入共享大厅，强调了中庭空间的
核心属性，进一步强化了纪念体系的秩序结构。

玻璃采光顶

中庭：纪念的核心

　　陈列馆改扩建过程中对老馆东侧两层部分的结构进行保留利用，局部打通一、二层空间，构建出尺度开阔的通高中庭，同时结合新建钢结构与红色格栅元素形成通透的玻璃采光顶。自然天光由顶部进入共享大厅，也调整了核心纪念空间的质感。依循欲扬先抑的观展动线，由一层各展厅转入中庭的参观者将在这里感受到前所未见的空明广阔。

　　从过厅、序厅、各展厅进入中庭的过程中，空间氛围由压抑转为开朗，尺度与质感的转变使中庭成为展陈序列中充满惊喜的戏剧性场景。参观者在此沿中轴宽大的台阶循着光线来源拾级而上，空间叙事的高潮隐喻了历史叙事中的遵义会议重大转折，感知力与过往时间的关联因空间方向性的预设得到建立。同时，作为规则空间网格的位置核心，以自然光主导的仪式化场景也进一步强化了纪念体系的秩序结构。

结语

　　"当建筑成为生活的一部分时，它唤起了不可度量的实质，接着实存的精神便接管一切。"纪念性建筑根本上的生命力，在于人文观念中的永恒性与社会生活中的日常性相互成就时所呈现出的意义，而纪念性场所在存续和展示过往的同时也成为区域更新的场景本身，显现出根植于城市记忆的文化态度与精神意象。

参考文献

[1] 托·斯·艾略特 . 传统与个人才能：艾略特文集·论文 [M]. 陆建德，主编 . 卞之琳，李赋宁，等，译 . 上海：上海译文出版社，2012: 2.

[2] G. 勃罗德彭特 . 符号·象征与建筑 [M]. 乐民成，等，译 . 北京：中国建筑工业出版社，1991: 79-80.

[3] 贵州省建设厅 . 图像人类学视野中的贵州乡土建筑 [M]. 贵阳：贵州人民出版社，2006: 9-11.

[4] 豪尔赫·路易斯·博尔赫斯 . 永恒史 [M]. 刘京胜，屠孟超，译 . 上海：上海译文出版社，2015: 26-27.

[5] 克利夫·芒福汀 . 街道与广场（第二版）[M]. 张永刚，陆卫东，译 . 北京：中国建筑工业出版社，2004: 122-123.

[6] 莱达·阿斯曼 . 记忆中的历史：从个人经历到公共演示 [M]. 袁斯乔，译 . 南京：南京大学出版社，2017.

[7] 芦原义信 . 外部空间设计 [M]. 尹培桐，译 . 南京：江苏凤凰文艺出版社，2017: 48-49.

[8] 罗贝尔 . 静谧与光明：路易·康的建筑精神 [M]. 成寒，译 . 北京：清华大学出版社，2010: 54-55.

[9] 罗德启 . 贵州民居 [M]. 北京：中国建筑工业出版社，2008: 218-219.

[10] 罗西 . 城市建筑学 [M]. 黄士钧，译 . 北京：中国建筑工业出版社，2006: 131-133.

[11] 潘玥 . 朝向重建有反省性的建筑学：风土现代的 3 种实践方向 [J]. 建筑学报，2021(01): 105-111.

[12] 乔纳森·黑尔 . 建筑师解读梅洛 - 庞蒂 [M]. 类延辉，王琦，译 . 北京：中国建筑工业出版社，2020: 112-114.

[13] 禹玉环 . 遵义市红色文化遗产保护与开发利用问题研究 [M]. 成都：西南交通大学出版社，2016: 59-60.

访谈

陈松访谈

您能否简要介绍下遵义会议纪念馆的历史与意义?

陈:遵义会议纪念馆在 1951 年就开始筹建了,并于 1955 年正式开馆,是全国第一批 21 个革命纪念馆之一。目前陈列馆是国家一级博物馆,遵义会议会址是全国重点文物保护单位。它的重要性当然是和遵义会议的历史重要性相关的。遵义会议的历史意义可以说是奠定了中国革命胜利的基础,它的意义可以用"三个挽救"概括,那就是挽救了党,挽救了红军,挽救了中国革命。可以说在新民主主义革命时期,也就是从五四运动到中华人民共和国成立这段时间,遵义会议是影响最为巨大的历史事件。因此陈列馆的提升改造就显得尤为迫切。

那您能具体描述一下这种迫切性吗?

陈:从接待参观游客的角度看,由于近些年政府在旅游方面的大力投入,以及贵州对于红色旅游文化的打造,前来遵义会议陈列馆的游客人数逐年增加,可以说呈井喷式的发展。除去疫情的影响,我们原本预计 2020 年仅陈列馆的参观人数就会达到 400 万~500 万。那么原有的陈列馆是完全无法满足这一需求的。同时,为了更好地讲好遵义会议前后的那段历史,我们也要不断丰富展陈的内容,更新展览的形式。当时省委书记要求,先做展陈大纲,再开始新馆的建设工作。所以我们就凭着从 20 世纪 50 年代建馆之初就开始积淀的历史研究撰写了全新的展陈大纲,并得到了从中央有关部门到学者专家的认可。有了展陈大纲的指导,展陈设计和建筑设计就同步展开了。由于项目要赶在 2015 年遵义会议召开八十周年时开放,所以最终从设计到施工只用了一年半的时间,是非常不容易的。不过最终由于各参与方的不懈努力,新馆落成之后不但满足了所有的功能设定,还得到了社会各界一致的高度评价。2015 年 6 月 16 日,习近平总书记亲自视察了新的遵义会议陈列馆,也作出了很高的评价。

新陈列馆的落成给遵义带来了哪些变化呢?

陈:新建的陈列馆和周边的会议会址、博古故居,以及诸如中华苏维埃共和国国家银行旧址、红军总政治部旧址等十几个革命遗址、景点,构成了一个纪念体系,是遵义市红色旅游的骨干,而遵义会议陈列馆就处在这个体系的

陈松

遵义会议陈列馆馆长

核心位置。与别的大城市旅游资源相对丰富的情况不同，红色景点是遵义最重要的旅游资源，新陈列馆无疑大大促进了红色旅游的发展。现在一个外地来的游客，首先必来陈列馆，再以陈列馆为核心，开始周边的游览。陈列馆新设计了多功能厅，还有5间教室，可以举行一些讲座或座谈会等文化活动。总之，新的陈列馆在全国的同类型博物馆当中都是名列前茅的，它不但很好地承担了历史纪念的职责，同时嵌入了遵义当地的文化生活，更对于弘扬红色革命精神、推动旅游业乃至遵义经济发展有着重要的促进作用。

董建宁访谈

您认为遵义会议陈列馆这个项目的主要挑战在什么地方？

董：我认为首要的挑战来自陈列馆与周边城市环境的关系。第一，陈列馆靠近遵义会议会址，处在遵义老城的核心区域，遵义市政府非常重视旅游产业的开发，陈列馆周边就是红色旅游的商业街区，因此陈列馆的建设也必然回应这一因素。我们通过陈列馆的设计把整片区的旅游内容进行了有机的整合，把动线重新做了梳理。同时，不止于陈列馆本身，我们也对其与遵义会议会址之间的城市广场做了功能和景观方面的提升。第二，陈列馆本身的规模与尺度如何更好地与周边城市环境相协调，也是我们重点思考的问题。陈列馆整体的建筑规模和体量比较大，周边还有遵义会议会址、博古故居等，所以在空间类型上我们先从整个城市的肌理出发。遵义地处黔北，民居还是以院落式的空间结构为主，因此新馆也采用了这种田字格式院落的做法，从城市肌理上与周边相吻合。在建筑的体量与高度方面，我们也把握了一个度，既没有顶着原规划的限高做，使它过大，也没有完全按照周边建筑的高度处理，毕竟还是希望陈列馆在街区里获得一定的标志性。在建筑立面的设计上，我们采用了三段式的做法，因为当地的民居带有一点这样的民国风，我们也参考了黔北民居这种结合了西式柱廊拱券的折中设计手法。关于材质和颜色，周边的房子主要是灰砖加红色木材，我们在材质的选择上也参考了这种色彩特点，这个项目无论是石材还是砖饰面，都采用了灰色，柱廊之间的格栅、檐口以及入口雨棚我们采用了红色，追求仿木的感觉。这样一来，包括建筑的风格、尺度、色彩，以及立面的手法等，与周边的建筑文脉是相吻合的，同时也是比较现代的。

董建宁

遵义会议陈列馆设计项目主创建筑师、建筑专业负责人

那建筑内部的设计挑战主要有哪些？

董： 从建筑本身来看，主要是结合老陈列馆的改造，提升其自身的展陈功能。原有的陈列馆确实不满足未来的参观与接待需求了，我们结合最新的展陈方式，针对爆发式的客流量增长，进行了相应尺度的扩容，从而满足了功能上的这种强需求。虽然老馆面临全方面的提升，但我们发现依然可以通过改造而非推倒重建的方式来满足需求，毕竟原有空间的记忆以及造价的考量也是值得重视的。但延续改建加扩建的策略确实会给我们的设计带来更大挑战。老馆分前后两部分，前面一部分是一层，后面一部分是两层，我们的策略是把前面的一层拆掉，后面两层部分的结构保留，同时打通了局部一、二层空间，形成了通高的中庭，再加上新建钢结构玻璃采光顶，形成了一个非常有识别性的空间节点。由于中庭采光条件的改善，我们得以在原有院落的范围内进行改造，扩建新的展陈空间。最后，我们还利用陈列馆与遵义会议会址之间广场景观的提升改造，将一部分陈列馆的馆藏功能、停车设施以及人防工程放在了广场的地面以下，进一步满足了陈列馆片区的功能需求。

陈列馆的设计是如何体现纪念性的？

董： 首先我们设置了一条主轴线，建筑的局部立面是对称的；此外屋顶我们没有采用周边民居惯用的悬山或硬山的做法，而是设计成四坡顶，这样无论是外部的形式还是内部的空间，都比原来的形式宏阔许多，体现的纪念性也会加强许多；我们还参照了遵义会议会址周边柱廊的做法，柱廊本身就是一种形制等级较高的建筑元素，在新馆的设计当中运用柱廊，形成了一种规整的序列感，结合一些石材的使用，更增强了建筑的纪念性。

井冈山革命博物馆新馆

解读 | 对话历史的纪念空间叙事

访谈 | 齐虹

井冈山是中国革命的摇篮，是毛泽东、朱德等老一辈无产阶级革命家亲手创建的首个革命根据地，在中国共产党历史上具有里程碑式的意义。

中华人民共和国成立后，党和政府设立了井冈山垦殖场，修复了毛泽东同志旧居等革命遗址，并收集了大量的革命文物，于1959年建成了井冈山革命博物馆。井冈山革命博物馆的建成开馆对开展中共党史教育、爱国主义教育起到了重要的作用。作为全国爱国主义教育示范基地"一号工程"的重要组成部分，江西省于2004年11月成立了井冈山"一号工程"协调领导小组；同年12月，中央政治局常委李长春同志和中央政治局委员、中宣部部长刘云山同志分别对实施全国爱国主义教育示范基地"一号工程"做出重要批示。在此大背景之下，井冈山革命博物馆新馆开始了紧锣密鼓的筹备与建设。

对话历史的纪念空间叙事

自然风土

井冈山革命博物馆原馆始建于 1958 年秋，坐落在井冈山市中心的西面，一直作为从中央到地方的各级机关学校的革命传统教育和爱国主义教育基地。进入 21 世纪以来，原馆已经不能满足空间使用的需要，为充分利用井冈山的红色文化资源，更好地开展爱国主义教育，博物馆新馆建设工程于 2005 年在旧馆原址上展开。井冈山得天独厚的革命历史与自然风光，成为设计中源源不绝的灵感来源。

井冈山革命博物馆依山傍水，与茨坪革命旧址群隔挹翠湖相望。基地周围形成了以山体及水景为主的自然环境，结合井冈山的城市规划及气候特点，建筑师将建筑所在山体建为公园，并将博物馆建成一个与整体景观融为一体的滨水式山地建筑，实现了参观者与环境、建筑的对话。

屹立如山

作为井冈山的标志、革命根据地的象征，新馆的造型处理借用"五指峰"的形象来传达革命博物馆伟岸雄浑的气质，坚实而又厚重，顶天立地，气势磅礴，可比悠悠之南山，可比巍巍之昆仑。

不仅建筑的外观取意山峰，游客还可以通过从中轴线穿越建筑的上山道路，不经过建筑室内而直接到达北侧的山地公园。借由这条攀升路径，新馆使自身融入群山环抱之中，与自然环境完美结合，融为一体。自远处眺望群山及体量厚重的博物馆，延续自然的地势，与山体和水岸都保持着紧密的联系，环境与建筑水乳交融，相得益彰。

形制与风格

井冈山革命博物馆新馆总体形制吸取了赣南民居"围屋"的特色，江西赣南地区的客家围屋不同于福建的圆形，为特有的矩形，对传统"围屋"的重构和再现使得建筑在空间布局上独具特色，并获得良好的自然光线和通风。同时，取意于"围屋"的建筑材料和色彩，使博物馆很好地融入了当地的环境氛围，用现代手法重构传统元素，以在历史与当下之间创造出一条纽带，塑造出真正兼具风土性与标志性的纪念场所。

此外，现代材料与传统形制在设计中有机结合，从而在传续地域风格的同时实现建筑的性能需求。方案试图延续石材、玻璃、金属等材料的客观性质——外立面采用花岗岩，营造一种永恒与肃穆感，在博物馆及所在山地之间形成适宜过渡，大面积石材的运用既符合展陈的使用要求，也有利于节能；内院周边则采用块面钢化中空 Low-E 玻璃和有竖向线条的断热铝合金型材框架，形成怡人的尺度，配合细部的金属百叶处理，实现节能与装饰的双重作用；坡屋顶采用砖红色金属板，呈阶梯状共有 10 级，在落差有限的情况下，采用双层排水的设计，解决了屋面排水及漏水的问题。

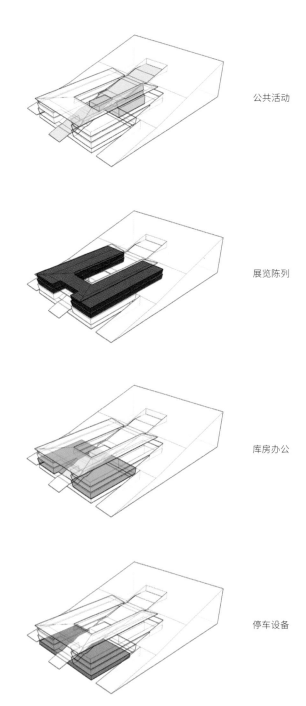

公共活动

展览陈列

库房办公

停车设备

功能区沿"路"展开

主入口

建筑主入口的中轴对称布局强化了纪念性建筑的厚重与庄严感，隐喻"革命之门"的空间形态结合石材营造出一种永恒与肃穆的场所氛围。

方案模型

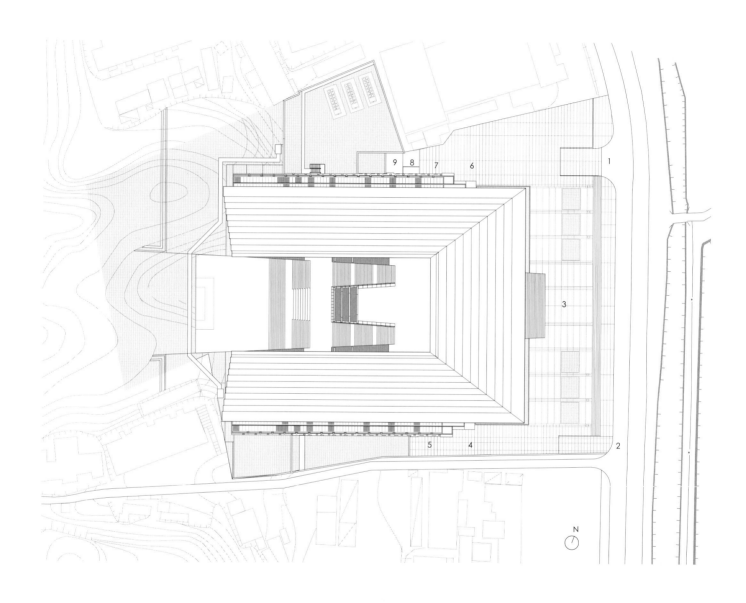

1　主要出入口
2　紧急出入口
3　入口广场
4　办公兼贵宾入口
5　报告厅出入口
6　辅助出入口兼无障碍入口
7　车库出入口
8　工作人员出入口
9　货运出入口

总平面图

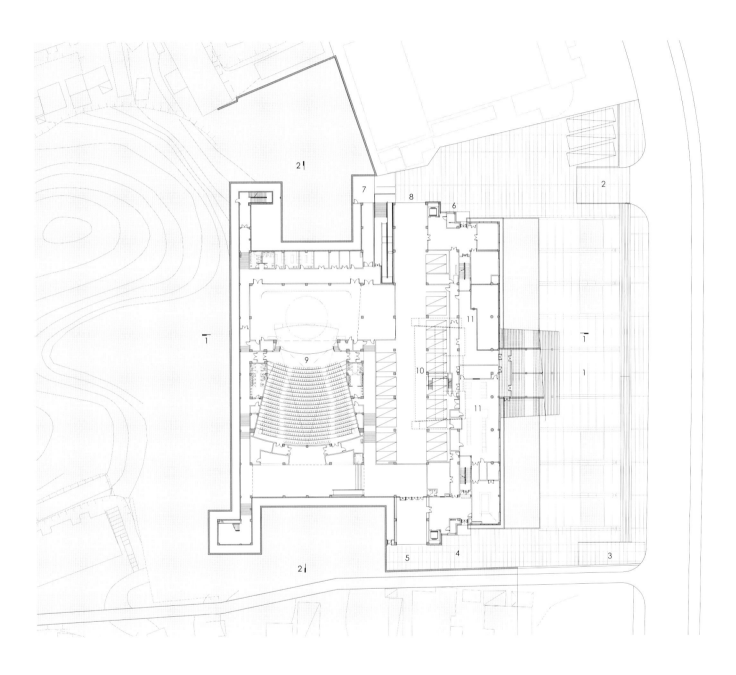

1 主入口步行广场
2 基地主入口
3 基地次入口
4 办公兼贵宾入口
5 报告厅入口
6 辅助入口兼无障碍入口
7 工作人员入口
8 车库出入口
9 报告厅
10 车库
11 设备用房

-5.000m 标高平面图

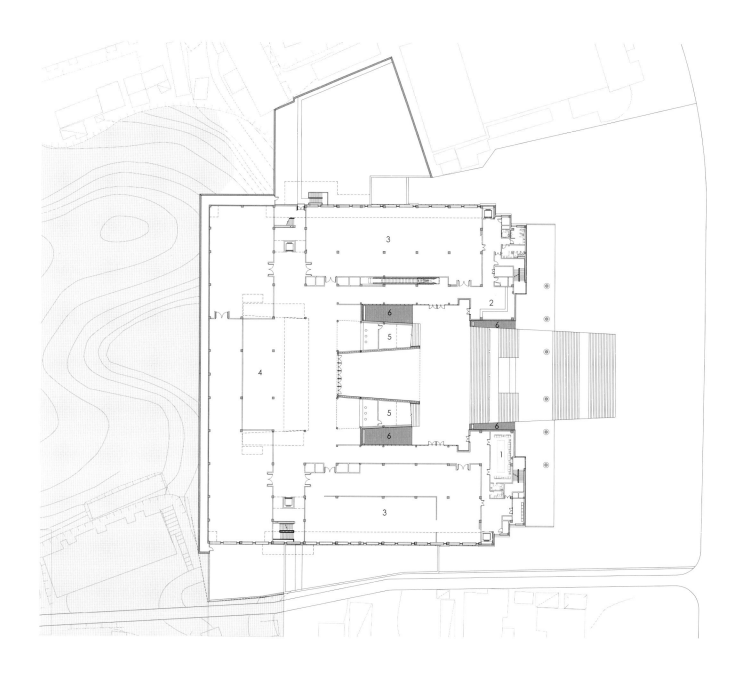

1　贵宾接待
2　纪念品商店
3　展厅
4　序厅
5　咨询、接待
6　水面

4.000m 标高平面图

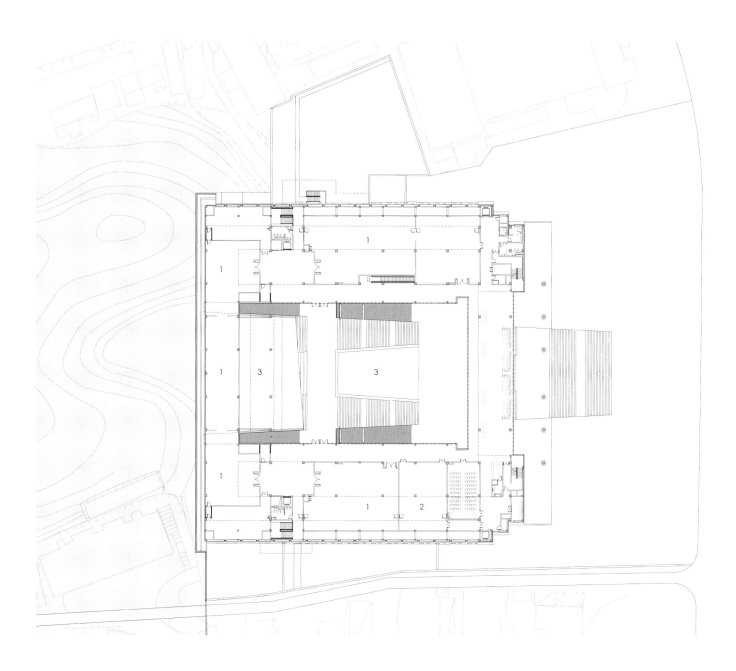

1 展厅
2 多媒体展厅
3 上空

11.000m 标高平面图

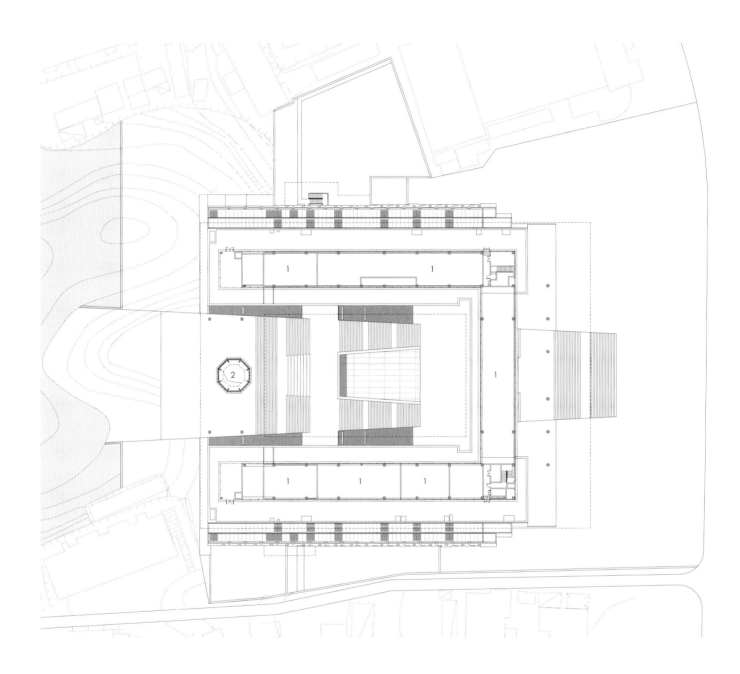

1　上空
2　"八角楼"

17.000m 标高平面图

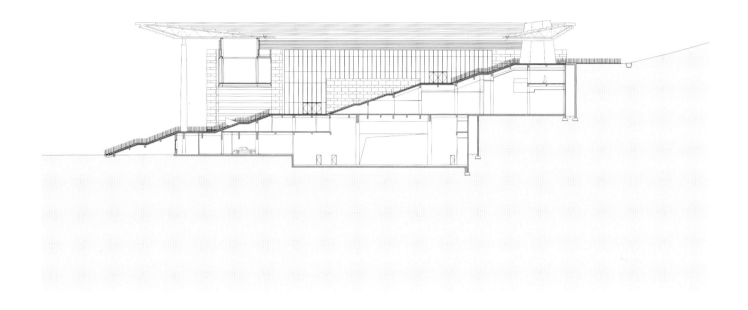

1-1 剖面图

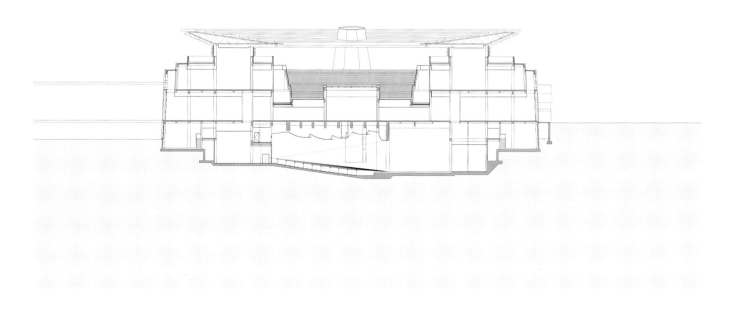

2-2 剖面图

大台阶尽头广场回望
不仅建筑的外观取意山峰，参观者还可以通过中轴线的上山道路直接到达北侧的
山地公园。在台阶顶端的室外广场环顾四周，可以看到新馆处在群山环抱之中，
与自然环境完美结合，融为一体。

"门"与"路"

"革命之门"

作为中国共产党建立和发展起来的第一个革命根据地，井冈山革命根据地在中国革命历史上具有无可替代的地位。对于在这样背景和环境下所进行的建筑创作来说，本体性的凸显与精神性隐喻的表达同等重要，正如古罗马万神庙利用穹顶集中式的自然采光隐喻与众神的交流，哥特教堂从室外过渡到室内的门廊隐喻世俗与神圣的分界。新馆的设计中提出了"门"与"路"这两个重要的象征意喻，是根据历史事件所演绎出的独特符号。

1927 年第一次国内革命战争失败，攻打中心城市受挫，毛泽东当机立断，转向敌人势力薄弱的农村山区，走上了向井冈山进军之路，随后朱德所率的南昌起义部队和湘南农军，以及彭德怀领导的红五军相继与红四军在井冈山胜利会师，让革命的火种愈燃愈烈。

在中国革命历史上，井冈山革命根据地的建立从某种程度上开启了一扇"门"，一扇标志着革命新阶段启程的门，从这扇门开始，中国革命走向了光明和胜利。如今，我们在井冈山革命博物馆面朝城市的方向上创造了一个城市尺度上的、具有象征意味的门，这个门由革命之路两侧的建筑体量和顶部的玻璃连廊构成，一方面是赋予建筑以日常性，以欢迎的姿态向城市空间开放，将建筑内院的公共空间以及山体公园的自然空间延伸至城市空间之中，供市民和游客使用，而另一方面便是将其作为符号性的能指暗示所指——在一个"门"的形式的背后是象征革命新开始的意义。参观者在通过这扇门重走革命之路的历程中，能够通过场景体验感受到峥嵘岁月中积淀的革命精神。

革命之门

井冈山革命是中国革命历史上的重要转折点，中国的工农武装斗争自井冈山革命
开始进入了新的阶段。主入口以"门"的形象隐喻革命的起点，象征井冈山革命
在中国革命历史上的重要地位。

"革命之路"

沿着由赤色岩石铺成的台阶拾级而上,通向绿树苍翠的井冈山脉,大台阶贯穿建筑内外,隐喻井冈山根据地在中国"革命之路"上的重要地位。"革命之路"作为建筑主轴,自上而下,统领全局。

"革命之路"

井冈山的奋斗历史，是一段由城市转向农村的伟大战略之路的历史。

在井冈山革命博物馆新馆的设计中，前文提到，在建筑的中轴处一条顺应山势拾级而上的道路成为建筑贯穿东西的轴线。该轴线统领全局，自下而上，联系所有功能空间。参观者由城市道路进入礼仪广场，展览空间由此延伸，进而引导着参观者到达博物馆的入口——"革命之门"。该轴线继续依山势而上，参观者经过表现井冈山四个阶段革命斗争的浮雕群像后，最终到达大台阶顶端的巨型雕塑。整个空间序列跌宕有序，收放自然，很好地烘托出革命纪念场所应有的氛围。

除了建筑层面上的处理建筑与山地自然环境之间的关系和创造革命纪念空间的叙事序列之外，这一设计所要传达的更深层含义便是隐喻"革命之路"，这条中轴道路联系起了南侧的城市空间和北侧的自然空间，以这种方式出色地完成了空间属性的转变，创造了独特的知觉体验和象征意喻——以空间的转折呼应革命历史的转折，引导参观者沿着历史的"革命之路"由城市走向自然，走向静谧的井冈山，走向革命的精神领域。

历时两年有余的井冈山革命斗争，为中国革命开辟了一条成功的道路，而井冈山的革命传统和老一辈革命家的奋斗精神，始终是我们前进道路上的强大动力。"革命之路"两侧与建筑相交部位设置了水池，随着大台阶坡度跌落起伏，象征革命精神长流不息；参观者踏着用赤色岩石铺成的台阶拾级而上，通向绿树苍翠的高山，通向广阔无垠的蓝天。这段路不仅承载着厚重的革命历史，更寄托了对美好前景的追寻与祈愿。

台阶顶端广场

通过内院的大台阶依山势而上，经过表现井冈山各阶段革命斗争的浮雕群像，抵达与自然相接的大台阶顶端。整个空间序列跌宕有序，收放自然，营造出场所的革命纪念氛围。

纪念与叙事

建筑的纪念碑性

井冈山革命的历史意义决定了纪念和叙事是场馆永恒的主题。1943 年由建筑评论家希格弗莱德·吉迪恩（Sigfried Giedion）等人共同发表的《纪念性九点》提到，纪念物是人类最高文化需求的表达，它是一种集体的感觉与思想的象征。

对于纪念物而言，集体主义的精神性塑造是十分必要的，因为人类是不能将自己的强大精神世界淹没的。在博物馆设计中，平立面上的中轴对称所形成的颇有古典意味的布局强化了纪念性建筑的厚重和庄严感，建筑物面向城市的立面设计采取了将轻盈挑檐屋顶立于具有建构感的立柱之上的手法，如同顶天立地的奋斗精神支撑起革命胜利果实一般。朱德曾提笔写下"井冈山的斗争，奠定了中国人民大革命胜利的基础"，而在这如基座般厚重永恒的花岗岩建筑主体之上，是轻盈的、反射着耀眼日光的砖红色金属屋面，其所要传达出的内涵可谓意味深长。

历史的空间叙事

参观者由大台阶拾级而上，可以从位于二层的入口大厅进入博物馆的内部空间。大厅作为参观途中空间序列的一个重要节点，对室内外空间进行起承转合——通过向上翻卷的顶棚，把中轴线的空间趋势引向天空，引向圣洁的光线倾泻而下的地方。顶棚用木制格栅装饰，造型上吸取传统建筑屋架中的"椽"的形象，以节节上升的趋势暗合了空间的导向。大厅的正面是一面厚实的石墙，朱德手书的诗句镌刻其上，天光之下让人倍感肃穆。一泓清澈的水面，更增添了几分宁静，水面由玻璃池底承托，将自然光线引入布置在下面一层的贵宾入口厅，水影加深了空间的静默氛围。通过大厅可以直接到达任意一个展厅，各个展厅的平面布局根据内容的分布、时间顺序和结构层次来安排，在展陈内容上，以时间先后为序，从党的建设、军队建设、政权建设、土地革命等方面叙述井冈山斗争的光辉历史。正如槙文彦所说，"建筑如同音乐，要用连续性空间激发人的持续体验"，设计将井冈山革命历史编排在博物馆的空间序列之中，在参观者与空间的交互对话中完成对历史叙事的感知与领悟。

展厅入口
参观者由大台阶拾级而上，可以从位于二层的入口大厅进入博物馆的内部空间，
大厅作为参观途中空间序列的一个重要节点，对室内外空间起到起承转合的连接
作用。

展厅立面细部
内院周边的建筑立面采用块面钢化中空 Low-E 玻璃与竖向的断热铝合金型材框
架，形成宜人的尺度；坡屋顶采用砖红色金属板；屋顶与立面玻璃幕墙间的细部
处理采用金属百叶，实现节能与装饰的双重作用。

展厅内公共空间

展厅内景

结语

纪念性建筑物需要如纪念碑一般传达出永恒矗立的形象，但其本质仍然在于空间的表达，这是将其与纪念碑或雕塑区别开的关键所在。索菲亚·皮萨拉（Sophia Psarra）在《建筑和叙事》中认为："人在建筑中通过移动获得对空间的感知过程类似于读者在文字阅读过程中的感受。"

当参观者穿过具有象征意味的"革命之门"，沿着象征革命的红色花岗岩铺成的"上山路"拾级而上时，就已经被井冈山的精神性空间所包围；"革命之路"两侧以纯净的玻璃幕墙界定，很好地屏蔽了繁杂的环境信息，创造静默的场所氛围并引导着参观者继续依山势前行，完成场景序列之间的转换；大台阶的顶端，表现毛泽东和朱德胜利会师历史事件的雕塑以背后的群山和蓝天为"端景"，从而推动空间与历史的双重叙述达到顶峰。博物馆的设计通过创造跌宕有序、收放自然的空间序列和可读的外部空间，激发参观者的共鸣，这种巧妙的历史与建筑空间的同构关系成功地塑造了独属于井冈山革命纪念场所的空间纪念性。

参考文献

[1]　槙文彦，三谷彻．场所设计 [M]．覃力，译．北京：中国建筑工业出版社，2014．

[2]　PSARRA S. Architecture and Narrative—The Formation of Space and Cultural Meaning[M]. New York: Routledge, 2009: 32.

[3]　SERT J L, LÉGER F, GIEDION S. Nine Points on Monumentality[M]. //S. Giedion. Architecture you and me: The diary of a development. Cambridge, Massachusetts: Harvard University Press, 1958.

博物馆主入口

访谈

齐虹访谈

井冈山革命博物馆在全国同类型的博物馆当中处于什么样的重要地位？

齐：井冈山革命博物馆是全方位展示中国共产党建党初期中国革命斗争的重要历史博物馆，突出"坚持中国共产党领导、建立革命根据地、农村包围城市、武装夺取政权"等中国革命的特色，体现了伟大的井冈山精神，被中共中央宣传部（以下简称中宣部）列为国家一级博物馆。据了解，在全国同类博物馆当中，全称为"革命博物馆"的少之又少，且被党中央列为全国"一号工程"（全国仅有韶山毛泽东同志纪念馆、延安革命纪念馆、井冈山革命博物馆等3处），可见其位置的重要。井冈山革命博物馆在全国范围内有较大的影响，是中央组织部确定的干部教育基地之一，是为数不多的省管博物馆。

井冈山革命博物馆新馆作为当时的中宣部"一号工程"，其具体的建设要求、建设特点是怎样的？

齐：井冈山革命博物馆新馆建设工程的特点，一是时间紧，要求在井冈山革命根据地创建80周年（2007年10月27日）之际建成开馆，不得拖延；二是任务重，新馆建筑总面积为20 030m²，是老馆的10倍，其中展厅面积超过8000m²，还有一个拥有600多个座位的小剧场，项目总投资近1.5亿元；三是政治性强，由于井冈山革命博物馆在全国具有很大的影响力，其设计、展陈方案必须经中宣部和江西省委审定；四是施工及展陈质量要求高，一开始就提出"争创鲁班奖"的目标，展陈质量也要达到全国一流水平，和其他重点项目相比要求更高。此外，还面临施工场地小、技术难度大、材料运输困难等挑战，如建筑体量跨度大，采用了预应力梁、钢网构、超大型外幕墙技术等。

作为当时井冈山"一号工程"办公室的领导及井冈山革命博物馆新馆建设项目法人，您有什么样的工作体验？

齐：我的工作体验是：这是一项德政工程、民心工程，作为一名共产党员、一名新中国的建设工作者，必须以最大的政治热情和一丝不苟的工作态度积极投身于工程建设之中。首先是在思想上必须与党中央保持高度一致，继承革命先烈遗志，从政治的高度认真对待工程建设中的每一项工作；其次是在认识上要清楚自己的职责，就是在江西省井冈山"一号工程"协调领导小组

齐虹

江西省住房和城乡建设厅原副巡视员，江西省井冈山"一号工程"协调领导小组办公室副主任兼井冈山革命博物馆建设项目办公室主任、项目法人

的领导下，勇于担当、尽职尽责抓好工程招标、勘察、设计、施工、监理、验收、决算、评奖等各环节，按时保质完成工程建设；第三是在行动上要进一步弘扬井冈山精神，勇于拼搏、严字当头，以科学的态度管理好建设项目的每一个细节，争创优秀设计、优质工程。

当时从使用功能和展陈设置上对场馆的建筑设计提出了什么具体要求？

齐：井冈山革命博物馆新馆是现代建筑，必须符合井冈山精神并富有时代特色，同时应满足其使用功能和陈列布展需要。对建筑设计的具体要求有：造型新颖、建筑美观、结构合理、功能齐全、节能环保、特色明显。该建筑为四层框架结构，一层为报告厅（小剧场）、机房、停车场，二层为办公用房和文物库房，三、四层为展厅，层高都在 6~7m，面积与空间相对较大（1000m² 以上），且空调、电梯、自动扶梯、智能化设备等现代化设施齐全。其中文物库房要求做到恒温恒湿，报告厅在建筑底层设有中型舞台，能容纳 600 多名观众且中间不能有柱子，各展厅相互连通且应满足顺时针方向的布展需要。

新馆的建成对井冈山市的发展、红色旅游的开发、爱国主义教育起到了什么样的作用？对江西全省的"红色产业"又有怎样的意义？

齐：井冈山革命博物馆新馆是井冈山市的标志性建筑，是在江西乃至全国很有影响的公共建筑，她的建成对于弘扬伟大的井冈山精神、深入开展爱国主义教育、大力开发红色旅游资源、促进井冈山市经济和社会发展起到了重要作用。建成开馆后参观人员络绎不绝，平均每天 5000 余人次，高峰时每天达 2 万多人次。宏伟的建筑、震撼的展览、惊心动魄的井冈山革命斗争史给观众留下了深刻的印象，使参观者受到了一次心灵的洗礼，更加感受到中国共产党的伟大、中国革命胜利的来之不易，增强了爱国主义情怀。以井冈山革命博物馆为龙头、井冈山革命旧居旧址为依托，井冈山市的红色旅游产业兴旺发达，前景一片光明。

　　伟大的井冈山精神激励着江西全省人民在中国共产党的领导下，继承和发扬光荣的革命传统，传承红色基因，努力建设社会主义现代化强国。近年来"红色产业"在江西发展壮大，以中国革命的摇篮——井冈山、中华人民共和国的摇篮——瑞金、中国人民解放军的诞生地——南昌为代表的红色资源得到了充分的保护和利用，对深入开展党史学习教育、激发广大人民群众的爱国主义热情、全身心投入社会主义现代化建设具有重要的意义。

您如何评价新馆的设计？目前新馆的设计是否满足各方面的综合需要？

齐：作为井冈山革命博物馆新馆建设的直接参与者，我认为该馆的设计可以用"时代特色、建筑精品"这八个字来概括。所谓"时代特色"指的是将井冈山斗争精神融入了博物馆的设计之中，并富有"敢闯新路"的革命意志，既保留了传统的建筑风格又注入了现代建筑元素，具有很强的时代特色；所谓"建筑精品"指的是设计者在融入井冈山精神的同时，精心组织设计，既十分注重建筑造型和外观效果，又确保结构安全和经济适用，同时考虑通风、采光、节能、省地等要求，具有很强的"精品意识"。只有充分领会设计意图、精心组织工程设计才能真正设计出精品。

　　新馆地处井冈山市茨坪镇的中心地带，交通方便，能同时容纳数千人参观，展厅流线顺畅，电梯、空调、卫生间、休息茶座、内廊、残疾人通道等设施齐全，能满足各方面的综合需要。开馆至今已有 14 年，各项设施仍完整无缺，管理者与参观者满意度非常高。

社会各界对井冈山博物馆新馆的建设有什么样的评价？

齐：井冈山革命博物馆新馆建设期间及开馆后，习近平、胡锦涛、曾庆红、李长春、贺国强等党和国家领导人曾亲临参观或考察，给予了较高的评价。开馆后社会各界好评如潮，主要有以下几方面：一是认为新馆建设符合时代精神，非常必要，对加强爱国主义教育很有帮助；二是认为新馆设计非常优秀，符合绝大多数人的观赏品位，让人耳目一新；三是展厅及各项设施考虑周到，观展动线流畅，内廊视野开阔；四是交通方便，停车、休息、购物、如厕等服务设施较齐全，无论冬夏馆内舒适度均较好；五是绿色环保，与山体及周边建筑融为一体，红色之路及大型雕塑的设计很有特色。

纪念性建筑
设计思考与创作实践

任力之访谈

任力之

同济大学建筑设计研究院（集团）有限公司副总裁、总建筑师

本书聚焦于您主持设计的三个纪念性建筑，您能否回忆一下接到这些设计任务时的大致经历？这三个项目有什么内在的联系吗？

任：这三个项目中，最早完成设计的是井冈山革命博物馆。井冈山革命根据地是中国共产党建立最早、最有生命力的一块根据地，在中国革命史上具有开天辟地的重大意义。正因为井冈山在中国革命斗争史上所具有的无法估量的重要价值，井冈山革命博物馆新馆与韶山、延安三处示范基地共同被确定为全国爱国主义教育示范基地 "一号工程"，被社会各界给予高度重视。

2005 年，我们应项目筹建组的邀请，与国内其他高水平设计团队共同参与了井冈山革命博物馆新馆的竞标，并在一众优秀方案中脱颖而出。新馆在 2007 年井冈山革命根据地创建 80 周年之际竣工。新馆落成后，受到社会各界的高度评价，有效发挥了井冈山革命博物馆爱国主义教育基地的作用。新馆的设计既抽象延续了赣南民居的风土特征，又以兼具现代性的形式回应守正求新的井冈山精神，真正成为了井冈山独具特色的标志性建筑。

井冈山革命博物馆新馆设计在业界取得了不错的口碑，2014 年时，我们又受邀参与了遵义会议陈列馆改扩建项目的设计比选。改扩建后的陈列馆于 2015 年遵义会议 80 周年纪念活动之前建成投入使用。陈列馆落成后受到各方好评，习近平总书记也在 2015 年到馆参观并给予肯定。

不久，我们又接到了同在遵义的娄山关红军战斗遗址陈列馆的设计任务。基于在井冈山革命博物馆、遵义会议陈列馆等项目中积累的纪念性建筑的设计与建设经验，我们着手开展了娄山关红军战斗遗址陈列馆的设计工作。

在您的理解中，本书中的纪念性建筑与革命精神之间的关系是怎样的？

任：纪念性建筑不仅仅作为开展相关纪念活动的功能场所，还应当作为传承革命精神与延续红色文化的物质载体。在中国共产党成立 100 周年的今天去探讨这个话题，其意义尤为特殊。我们在纪念性建筑设计中更多思考的是如何更好地塑造建筑空间的精神属性，使之能够承载革命历史的厚度与深度。纪念性的营造不应是停留在视觉层面的形态表达，而是在场所中创造更多具有感染力的空间情境，从而激发使用者更强烈的情感体验。在纪念性建筑中，通过提供与文化心理相关联的空间体验，令建筑的使用者接受红色洗礼，获得对革命精神的深刻认知与感悟，尊重党的历史，珍惜革命取得的成就，进而使红色文化得到更深层的弘扬与传承。

您是如何把这些历史事件、情感和建筑结合在一起的？

任： 想要建立建筑与历史事件、情感之间的联系，需要聚焦于与历史客观规律相一致的建筑内在结构的逻辑，遵循一种关乎历史、人文、自然与哲学的根本性原理。建筑应当依从这一逻辑框架，在既有要素的作用机制下实现合乎变化与统一规律的生长。

在既往的纪念性建筑设计中，我们分析并探索了以建筑语汇阐述历史逻辑的途径，并将我们所感知到的时代成就与发展机遇投射到场所空间的情感表达中，以理性、思辨对话历史与未来。

井冈山革命博物馆

能否回忆一下当年接到井冈山革命博物馆设计任务时，最初的概念构思是如何承载和重大历史事件紧密相关的纪念性建筑这个命题的？

任： 井冈山革命时期所发生的一系列历史事件，实现了中国共产党工作重心的第一次历史性转移，引领了中国革命在战略上的重大转变，并从思想和方法上为中国革命找到了正确道路。

在我们的设计中，"路"是最初的意象，从井冈山革命作为中国革命转折点的特殊历史意义出发，在空间体系中设置了一条隐喻以井冈山为根据地创建新中国的"革命之路"，将中国共产党走向成熟与正确革命道路的过程以"上山路"的空间形式进行表达。这是方案的一个核心特色，参观者由城市道路进入礼仪广场，"革命之路"作为礼仪广场的空间延伸，引导着参观者到达博物馆的入口——"革命之门"。"革命之路"继续依山势而上，最后到达大台阶的顶端，以背后的群山和蓝天为端景。

同时，这条"路"也成为方案能够脱颖而出，被确定为实施方案的关键性因素。参与投标评审的一位院士在点评时曾表示，我们的设计方案借鉴的是赣南围屋形制，在形式上相对内敛，起初并未引起重视，专家们在反复研究后，一致对设计中与自然环境、历史意义充分契合的开放性"上山路"特色空间给予高度肯定。

井冈山革命博物馆旧馆作为我国第一个地方性革命博物馆具有怎样的特殊性？新馆建设前面临着怎样的需求变化？

任：旧馆始建于 1958 年秋，是我国第一个地方性革命博物馆，馆名"井冈山革命博物馆"，是由原国家文物局局长王冶秋于 1958 年秋在南昌召开的全国博物馆馆长会议上讨论确定的。1962 年，朱德同志视察博物馆时，亲笔题写了馆标，足见其历史重要性与特殊性。

老馆展厅每间仅约 100m²，里面布置有文物柜、沙盘等，同时容纳 50 人进行参观就显得相当拥挤。展厅无法容纳高峰日每天近 8000 人次的客流量，面积和容量亟需得到扩展。流动展览是博物馆互相交流、活跃陈列的重要方式之一，老馆由于条件所限，无法接纳其他馆的流动展览或进行专题展览，因此有必要对井冈山革命博物馆进行改扩建。

井冈山革命博物馆所处的城市环境是怎样的？当时是如何思考建筑与城市气质之间的关系的？

任：井冈山革命纪念地拥有丰富的革命历史资源和自然资源，1982 年井冈山被国务院批准为第一批国家级重点风景名胜区，汇集了丰富的革命人文景观和风光秀美的自然景观。坐落于井冈山风景名胜区核心景区内的井冈山革命博物馆，依山傍水，面临挹翠湖，可隔湖遥望茨坪革命旧址群。

为使建筑能够与井冈山当地自然、历史环境有机融合，设计以山峦之势体现革命博物馆伟岸雄浑的气质，造型吸取赣南民居"围屋"特色，与山体等周边自然景观融为一体，以富有表现力的现代建筑语言体现"敢创新路"的井冈山精神。

遵义会议陈列馆

遵义会议陈列馆属于改扩建项目，当时遵义的整体城市发展以及对纪念馆的功能要求有哪些巨大的变化？

任：首先，遵义会议旧址作为重点文物始终是被修复和保护的，我们进行改扩建的对象是在纪念遵义会议 70 周年之际建设的遵义会议陈列馆旧馆，改扩建工程仍然遵循延续与保护文物价值的原则。

当时的遵义会议陈列馆的旧馆空间狭小、设施陈旧。一方面，已经不能满足展陈与游览需求，也无法满足陈列馆与所在城市片区红色商业旅游动线相结合的需求；另一方面，既有建筑也无法满足将在 2015 年举行的纪念遵义会议 80 周年相关活动的空间需求。在这样的情况下，我们开始着手对遵义会议陈列馆旧馆的改扩建设计。

陈列馆所处的地段位于遵义市的老城区，周边还有遵义会议会址和博古故居，在建筑设计上是如何处理与周边历史建筑与老城风貌的协调的？

任：设计抽象提取了遵义会议会址、博古故居等重要历史建筑以及当地传统民居建筑元素进行重组和再现，合理融入具有历史氛围的城市环境之中，提供给人们根植于历史情境的切实体验。

陈列馆沿用了黔北民居的院落形式，并通过消解建筑的体量感使之与小尺度城市肌理更为协调。设计借鉴了遵义会议旧址传统的三段式形制，并以连续拱券在建筑外观上形成富于节奏的序列，将周边旧址建筑的立面划分比例延续下来。拱券门廊背衬肌理纹样，以石材立面呈现；抽象再现传统形式元素的贯通外廊，则使用细腻的青砖。形式与材料的对话，在现代与传统之间建立了联系。

遵义会议陈列馆的色彩延续了周边既有建筑的灰砖色与红色的总体基调，脱胎于遵义黔北民居的"朱红板壁"墙面，地域性色彩元素在建筑中以丰富而统一的形式出现：陈列馆屋顶出檐采用金属屋面，点缀红色檐口；幕墙以强化红色竖向构件的方式完成对板壁墙的转译；主入口雨棚的延伸线条和外立面的红色金属装饰，以韵律强调空间的方向性；钢结构采光玻璃顶将红色线条要素延伸到建筑内部，带来丰富光影。老建筑中的花格纹样被进一步演绎为更具现代感的图案，在立面设计中实现对在地元素的抽象重构。

形式符号由传统中抽离，继承地域特征并加以现代的演绎。遵义会议纪念馆因此能够成为地域和历史的缩影，使建筑及以建筑为核心的城市空间环境表现出兼具地域性和纪念性的特质。符号的再现使纪念馆的改扩建不仅仅作为物质空间的更新方式，更成为历史、城市关联性的一种象征。

作为遵义当地红色旅游规划当中的重要一点，除了陈列馆自身的功能，设计还回应了哪些城市需求？

任：陈列馆的改扩建在满足其自身展陈、服务相关的内在需求之外，对于整体城市而言，其积极作用在于极大提升和丰富了以遵义会议会址为主体的红色文化纪念体系。这种提升不仅是功能性的，更在于一种价值一致的纪念场所氛围的营造，强化了城市文脉中的地域历史特质。改扩建后的遵义会议陈列馆梳理并构建了多层次的城市空间体系，这一空间体系激发了丰富的城市公共活动，使得陈列馆与周边环境中的展览、商业、旅游、休闲等功能互相激发，将纪念融入日常的场景序列，并从整体上提升了城市价值。

在受到诸多局限的条件下，设计是如何体现陈列馆的"新意"的？

任：遵义会议陈列馆改扩建体现"新意"的重要一点是除了对既有建筑在功能、形式等方面的兼容与优化，更注重了对原有空间序列的延续与深化。设计充分考虑了建筑在整个遵义会议红色旅游区游览序列中所处的节点位置，不仅有机延续了空间游览路径中原本的空间收放序列感，还通过对场所流线的优化重组将这种序列感延伸至场所内部，形成内外贯通的一体化序列。

娄山关红军战斗遗址纪念馆

娄山关红军战斗遗址陈列馆和前两个设计的最大不同之处可能在于项目所处的环境，娄山关红军战斗遗址陈列馆所在的自然环境给您的第一印象是什么？这个印象是如何启发之后的设计的？

任：提起娄山关，大多数的人就会联想起八十多年前的一场著名战斗，也会想起毛泽东的著名诗篇《忆秦娥·娄山关》，来过娄山关的人也一定不会否认，娄山关的风景和它的历史一样震撼人心。我们在设计娄山关红军战斗遗址陈列馆的时候，面对这样宏大的历史事件，自然而然想到把建筑和这段历史、文学作品甚至还有自然景观都联系起来。建筑应当以何种方式诠释重大历史事件，又应以何种语言向文学艺术致敬？作为建筑师，我在深感荣幸的同时也倍感压力。

纪念馆的设计抛弃了具象的建筑与文化符号而呈现了一种"消隐"的形象，您怎样理解这种抽象表达的设计方法？方案在当时有没有引发一些争议？

任：相对于这种非常特殊的历史记忆和自然景观，建筑形式上的重要性反而是居于其次的。去思考自然规律，建立建筑和历史、场地的联系，是这个设计内在逻辑里最主要的部分，也是让它真正具有生命力的方法。

因此，我们在设计中借鉴概念艺术思想，探索以极简、抽象的建筑语汇诠释历史事件的可能性与生成逻辑，尊重场所自然属性，构建自然时空。

几乎消隐的纪念馆造型体现了一种对自然环境的尊重，为什么您认为相比建筑的主体性，这种对环境的尊重更为重要？这种对自然环境的尊重在具体的设计方法中是如何体现的？

任：当年的战斗遗址如今已是山峦连绵、郁郁葱葱的景区。面对苍莽的自然景象与厚重的人文历史，我们一开始就想采用"去建筑化"手法，去处理建筑和历史、自然的关系。有时候修饰词汇太多，反而削弱了你想表达的核心内容，尤其是当这些内容本身的联系就相当飘渺，或者说不那么直接的时候。所以我们采用的建筑语言是极简的、抽象的，不事雕琢。这就好像轻轻拂去尘埃，让历史在重现的同时融入自然。

出于尊重和保护自然地貌的想法，我们把建筑的主体功能放在地下。曲面是这个设计里的一个母题，墙面和坡道相互的交叠、围合都是源于这样的形式。在下沉的展陈空间的四周以及上方形成了水池、庭院等一系列开放空间，它们同时构成了场所的漫游路径。嵌入山谷之中的陈列馆既是一个独立的展馆，又成为游客步行进入娄山关景区的必经之路。

这个设计中，您是如何考虑建筑的"纪念性"的？

任：时过境迁，今天以建筑的方式追溯历史，我们将视野、内涵聚焦于如何物化时空元素，传达建筑本身的内在生成逻辑。这里的"时"所指的是对待历史的态度与表现历史的方法，"空"则代表了遗址所在场所的空间特质及对建筑的应力作用。在娄山关红军战斗遗址陈列馆的设计中，我们希望建筑成为传达概念与意境的工具，通过构建抽象的自然时空体现纪念场所的精神意涵。

纪念性建筑

作为"纪念性建筑"的代表，您认为以上三个设计在创作思路上有哪些共通之处？又各具哪些特色？

任："纪念性建筑"的特殊使命在于承载革命历史的深厚内容与意义，除去对其基本功能的满足，如何更好地塑造建筑空间的精神品质，并使之承载深层文化价值，是我们在建筑设计中重点思考的。

象征性手法是文化建筑形式设计的传统手段，在井冈山革命博物馆的设计中，建筑总体造型与赣南传统围屋的意象相呼应，并采纳江西传统民居的建筑材料和色彩。"革命之路"的设计既是隐喻，也是建筑空间序列的组织者和参观的主流线，所有的建筑功能空间由它串起，实现象征性与实用性的精巧结合。

新旧建筑的共存促进城市机体不断更新并激发活力，此时博物馆作为文化的载体更能体现与城市历史建立联系的价值。遵义会议纪念馆位于老城中心，其对纪念性的考量更多地着眼于城市文脉的延续。流线设计组织起不同的功能，亦展示了周边历史建筑和城市环境，这种有机融合的关系使得历史建筑和城区在当下仍然生气勃勃，亦使新建筑散发出更加浓厚的文化气息。

新场所类型与新技术改变着传统的设计思路，地域特征使得抽象的空间更为多姿多彩。娄山关红军战斗遗址陈列馆开启了人文与自然地景新的对话，创造性地在山地之间辟开一处"虚空"的场所，一面可环视周围的群山，另一面昭示着建筑的独特存在。设计把建筑空间组织于自然的山地环境中，借莽莽群山烘托了陈列馆隆重的纪念性。

这三个设计前后历时十几年时间，在这个过程中，您对"纪念性"的理解又有了哪些变化？这种和历史紧密相关的"纪念性"与当下的"时代精神"有什么关系？

任：　"以文化成"是纪念性建筑作为特定类型文化建筑所体现出的场所特质，纪念性建筑的设计通过对风土化图式、意象与准则的现代性转译，赋予建成环境具有历史性、民族性与地方性的性格特征。在以井冈山革命博物馆、遵义会议陈列馆等为代表的纪念性建筑设计中，以功能为基点对风土的客观性重构代表了一种关注地理、气候、历史、人文等全局要素的文化与美学动机，纪念性建筑与历史相关的在地属性也获得了当代语境下被重新诠释的可能。如娄山关红军战斗遗址陈列馆借鉴当地传统材料及布依族原生建造方式，呈现现代建筑形式与传统工艺技法间的历史厚度与文化张力；遵义会议陈列馆改扩建则将建筑作为带有黔北地区人文特征的建筑群落空间生长节点，促动遵义老城区以革命历史为基底的全幅式纪念性社会文化图景构建。

今天的纪念性建筑不仅作为纪念活动开展的功能场所或革命精神的物质载体，更应当被作为现代社会一种重要的文化资源与公共生活空间。在新时代红色建筑的设计中，应以建筑与历史的关系为基础，同时关注红色建筑所特有的文化与产业属性，建立其与社会生活、现代意识之间的联系，延展出更丰富的时代内涵。

"纪念性建筑"的设计工作有无对您的其他类型的建筑创作产生影响？

任：纪念性建筑设计中对自然的建构逻辑、"以文化成"的价值意涵、城市性价值的关注延续到了其他类型的文化建筑设计中，也与团队其他文化建筑作品在设计理念和方法上具有一定契合度。如在自然的建构逻辑层面，娄山关红军战斗遗址陈列馆充分尊重建筑所在场地的自然特质，并从这种特质出发，尝试以一种抽象、简化的建筑语言凝练地塑造与升华"场所精神"，探索一种全新的诠释历史事件的可能性。而 2015 米兰世博会中国企业联合馆[1]则借鉴"道法自然""天人合一"的中国传统自然观，以方圆、内外、虚实、刚柔等二元构成手法营造形、意相合于自然的诗性空间。在建筑的城市性价值层面上，遵义会议陈列馆改扩建完善并优化了遵义城市中心以遵义会议纪念馆为主体的红色旅游动线，带动了当地红色遗产保护与红色文化相关产业的协同发展；而东吴文化中心[2]则与周边城市功能要素共同构成具有行政、文体、商业职能的区域行政文化中心，引导并支持区域性公共文化服务网络的完善与城市文化综合活力的提升。

本书所选的三个"纪念性建筑"的创作经历，使我们获得了对于文化建筑与城市经济、社会、环境等子系统要素关系的更深刻的理解。文化要素并非孤立于其他要素之外，其与经济、社会、环境等因素往往互为撬动提升的动力。在这样的系统框架下，文化建筑既可以被看作空间规划意义上为公共活动提供场所的实体，同时也是社会公共资源、公共生活的组成部分。因此，有关文化空间、文化建筑的策划与设计也可延伸为对公共空间、服务、自然等要素资源的规划及引导，从而表现出与城市发展规律相一致的复合性与系统性。我想这一认识会始终贯穿于我们今后的建筑创作当中。

注释

1 2015 米兰世博会中国企业联合馆位于 2015 年米兰世博会 NE.6 地块，项目占地 1270m²，建筑面积约 2000m²。展馆以"中国种子"作为主题意象呼应世博会"滋养地球，生命能源"的主题，运用"方圆""内外""刚柔"等一系列二元构成的建筑手法表达中国传统思想的哲学意境。

2 东吴文化中心位于苏州市吴中区核心区，项目占地 43 116m²，建筑面积 14 519m²，于 2017 年竣工。设计以"石水相生"为意象，以现代技术演绎地域文化内涵，是集文化馆、图书馆、档案馆、规划展示馆、会议中心、青少年活动中心和景观广场空间于一体的大型文化建筑综合体。

项目信息

井冈山革命博物馆新馆

基本信息

项目地点： 江西省井冈山茨坪镇红军南路

设计时间： 2005—2006

竣工时间： 2007

用地面积： 15 730m²

建筑面积： 20 030m²

项目设计团队

设计总负责人： 任力之

建筑设计： 张丽萍、张旭、高宇

结构设计： 肖小凌、孙艳萍、周争考

给排水设计： 杨民、范舍金、杨玲

暖通设计： 钱必华、苏生

强电设计： 钱大勋、麦强

弱电设计： 王昌

遵义会议陈列馆

基本信息

项目地点： 贵州省遵义市红花岗区

设计时间： 2012—2014

竣工时间： 2015

用地面积： 19 781m²

建筑面积： 19 143m²

项目设计团队

设计总负责人： 任力之

建筑设计： 董建宁、杨讷、顾天国

结构设计： 潘华

给排水设计： 杨玲、姚海峰

暖通设计： 徐旭

强电设计： 黄生优

弱电设计： 彭岩、张深

娄山关红军战斗遗址陈列馆

基本信息

项目地点： 贵州省遵义市汇川区娄山关景区

设计时间： 2015—2016

竣工时间： 2017

用地面积： 9 000m²

建筑面积： 6 056m²

项目设计团队

设计总负责人： 任力之

建筑设计： 李楚婧、廖凯、邹昊阳、王金蕾

室内设计： 任亚慧、吴杰、邰燕荣

景观设计： 宋利骏、滕华伟

结构设计： 李学平、高之楠

给排水设计： 杨玲、陈文祥

暖通设计： 谭立民

电气设计： 彭岩

项目荣誉

井冈山革命博物馆新馆 2007 年获第五届中国建筑学会建筑创作奖佳作奖

井冈山革命博物馆新馆 2009 年被评为"新中国成立 60 周年百项经典暨精品工程"

井冈山革命博物馆新馆 2009 年获全国建筑设计行业国庆 60 周年建筑设计大奖

井冈山革命博物馆新馆 2009 年获江西省第十三次勘察设计"四优"优秀工程设计一等奖

娄山关红军战斗遗址陈列馆 2017 年获上海市第七届建筑创作奖优秀奖

娄山关红军战斗遗址陈列馆 2019 年获香港建筑师学会两岸四地建筑设计论坛及大奖金奖

图书在版编目（ＣＩＰ）数据

筑忆 : 纪念性建筑的三个实践 / 任力之编著. --
上海 · 同济大学出版社, 2024.3
ISBN 978-7-5765-0872-7

Ⅰ. ①筑　Ⅱ. ①任　Ⅲ. ①革命纪念地—纪念建筑
—建筑设计—中国 Ⅳ. ①TU251

中国国家版本馆CIP数据核字(2023)第132013号

筑忆：纪念性建筑的三个实践
Constructing Memory—Three commemorative museum design practices

任力之　编著

出 版 人：金英伟
策划出品：秦蕾 / 群岛 ARCHIPELAGO
特约编辑：辛梦瑶
责任编辑：王胤瑜　晁　艳
装帧设计：完　颖
项目照片及图纸来源：同济大学建筑设计院 (集团) 有限公司，部分照片由张嗣烨、章鱼、曾江
河、邱小兵拍摄

参与文章撰写及图纸绘制人员：任力之、刘琦、张丽萍、李楚婧、孙倩、廖凯、董建宁、章蓉妍、
陶光平、金淏文、沙越儿、田萌

出版发行：同济大学出版社 www.tongjipress.com.cn
　　　　　 (地址：上海市四平路 1239 号 邮编：200092 电话：021-65985622)
经　　销：全国各地新华书店、建筑书店、网络书店
印　　刷：上海安枫印务有限公司
开　　本：889mm×1194mm　1/16
印　　张：10.75
字　　数：344 000
版　　次：2024 年 3 月第 1 版
印　　次：2024 年 3 月第 1 次印刷
书　　号：ISBN 978-7-5765-0872-7
定　　价：218.00 元